重庆市人居环境可持续发展综合评价研究

CHONGQINGSHI RENJU HUANJING KECHIXU FAZHAN ZONGHE PINGJIA YANJIU

柯昌波 / 著

西南交通大学出版社

·成 都·

图书在版编目（CIP）数据

重庆市人居环境可持续发展综合评价研究 / 柯昌波著. —成都：西南交通大学出版社，2014.10

ISBN 978-7-5643-3495-6

Ⅰ. ①重… Ⅱ. ①柯… Ⅲ. ①居住环境－可持续性发展－综合评价－重庆市 Ⅳ. ①X21

中国版本图书馆 CIP 数据核字（2014）第 240430 号

重庆市人居环境可持续发展综合评价研究

柯昌波 著

责任编辑	吴 迪
封面设计	墨创文化
出版发行	西南交通大学出版社 （四川省成都市金牛区交大路 146 号）
发行部电话	028-87600564 028-87600533
邮政编码	610031
网 址	http: //www.xnjdcbs.com
印 刷	成都勤德印务有限公司
成品尺寸	170 mm×230 mm
印 张	8.75
字 数	175 千字
版 次	2014 年 10 月第 1 版
印 次	2014 年 10 月第 1 次
书 号	ISBN 978-7-5643-3495-6
定 价	39.00 元

图书如有印装质量问题 本社负责退换

目　录

CONTENTS

1 绪 论

1.1 研究背景及研究意义

1.1.1 研究背景

随着经济的发展，人们的生活水平得到了显著的改善，在人们对生活品质的追求不断提高的过程中，“人居环境与可持续发展”问题日益被人们所重视。人们对生活品质的追求使得人们渴望享有优质的人居环境。作为现代人类聚居最为集中的城市，其生存环境问题自然而然地成为广大学者密切关注和深入研究的课题。人类对自然资源的无度索取以满足高度膨胀的消费欲望，伴之而来的是人口剧增、资源短缺和环境恶化等问题，逐渐从局部向全球扩散，越来越明显地威胁着地球的自然环境和人类未来的生存和发展。人类面临着人口、粮食、能源、资源、环境“五大危机”。

可持续发展战略思想随之产生，目前已为全世界所普遍接受，并逐步向社会经济的各个领域渗透，成为当今社会最热点的问题之一，它源于人类对能源危机、资源危机、粮食危机、生态危机等人类所面临的各种危机的反思。1987 年在联合国第 42 届大会上通过了挪威前首相布伦特兰夫人为首提交的题为《我们共同的未来》的调查报告。该调查报告将可持续发展定义为“持续发展是在满足当代人需要的同时，不损害人类后代满足其自身需要的能力”。同时，报告还阐述了可持续发展战略，明确提出环境保护的根本目的在于确保人类的持续存在和持续发展。1992 年在巴西里约热内卢召开的“联合国环境与发展大会”，是人类环境与发展史上最重要的里程碑，会议通过一系列决议和文件，特别是《21 世纪议程》详尽而深刻地阐明了环境与发展的关系，把环境问题与经济社会发展结合起来研究，提出了崭新的可持续发展的观念。即环境与发展密不可分，要从根本上解决环境问题，必须转变发展模式和消费模式，将环境保护纳入发展模式，将资源型发展模式转变为技术型发展模式，依靠科技进步，节约资源和能源，建立经济、社会、资源与环境协调发展的新模式。

由于各国发展阶段的不同，可持续发展的具体目标也各不相同，但内涵是一致的，即改善人类生活环境和质量、提高人类健康水平。可持续发展不仅重视经济增长的数量，更追求经济增长的质量。与联合国《21 世纪议程》相对应，我国已制定和发表了可持续发展战略文件《中国 21 世纪议程》，并在序言中宣布："人类不得不重新审视自己的社会经济行为和走过的历程，认识到通过高消耗追求经济数量增长和'先污染后治理'的传统发展模式已不再适应当今和未来发展的要求，而必须努力寻求一条人口、经济、社会、环境和资源相互协调的，既能满足当代人的需求而又不对满足后代人的需求能力构成危害的可持续发展的道路。这是中华民族的自身需要和必然选择。"可持续发展已成为我国从当前至未来很长一段时期内经济和社会发展的两大基本战略之一。

人居环境是与人类生存密切相关的活动空间，也是一个多层次的空间系统，是人类赖以生存和发展的物质基础、生产资料和劳动对象，其中各项因子都直接受到人类经济社会活动的影响，是人类生存行为中利用与改造自然的主要场所。所以人们一直致力于人居环境的研究并发现人居环境出现以下趋势：

1. 人居环境的建设已从城市、住区走向区域甚至国家

区域是创建和营造良好人居环境的背景与基础。当前，城市化进程导致人居环境问题日益严重，在工业化尚未完成的情形下城市必须迎接信息社会的到来，在资源相对短缺的情形下必须接受可持续发展原则，在经济不够全面富裕的情形下满足人们对生态环境、生活质量日益提高的要求。为了更好地节约利用有限资源，避免以局部利益为主体的竞争对资源不必要的浪费和对人居环境的破坏；同时，一些不可回避的问题也只有从区域层面的角度出发才能得到改善，达到对现有资源的有效利用以及妥善处理发展过程中人与环境的关系。在这种情况下，住区以及城市的人居环境研究及建设显得不合时宜，人居环境的建设研究应从城市、住区走向区域甚至国家。

2. 人居环境可持续发展能力的建设已成为关注的焦点问题

人居环境可持续发展是实现区域可持续发展的一个基本行动单元，是构

建和谐社会的重要内容。人类生活水平不断提高，对人居环境质量的要求也越来越高，人居环境质量也成为衡量国民生活水平的主要标志，这就要求建立一个可持续的人居环境。人居环境的可持续发展归根到底是协调人类居住与人口、自然、社会、经济和资源环境之间的关系，最终建立可持续的人类住区，务使人类有权享受与大自然和谐的、健康而充实的生活，这也是我们建设人居环境一直追求的目标。但是人居环境建设伴随着经济体制转变、城市产业结构调整、城市的集聚与扩散而逐步产生许多问题，与我们的目标背道而驰，而引起国家、地方政府、科研机构和学者的极大关注。近年来，区域发展与人居环境研究的课题一直是国家和地方的重点资助项目，如吴良镛先生主持的《发达地区城市化进程中建筑环境的保护与发展》《滇西北人居环境可持续发展规划研究》是对于区域人居环境发展规划实践的研究。

重庆市作为中西部地区唯一的直辖市，是长江上游的经济中心，随着经济的高速增长，重庆市通过实现“资源与环境可持续发展”“低碳经济”“循环经济”以实现重庆经济社会的全面可持续发展。本文试图对重庆人居环境的可持续发展进行纵向和横向比较，探讨重庆市人居环境可持续发展过程中所存在的问题，为构建符合重庆特色的经济社会和谐发展的城市化道路提供对策建议。

1.1.2 研究意义

人类生存和发展的基础是人居环境，人居环境质量的好坏不仅关系到居民的身心健康，同时还关系到一个国家的人口、社会、环境、资源之间是否相互协调的问题，人类社会的进步和文化发展也与其息息相关。不断加快的城市化进程带来了一系列问题，如城市人口急剧增长、城市交通拥堵、空气质量下降、水资源受到污染，等等，这些问题都体现出现代城市的人居环境质量正在大幅度下降。因此研究重庆市人居环境的发展状况，找出人居环境的改善方法使之能持续发展就具有重要的理论意义和现实意义。

1. 理论意义

人们的居住环境在经济发展和人口增长的影响下不断恶化，人居问题已经成为全世界关注的焦点。发达国家和发展中国家在人居环境方面都面临同样的问题，这是一个全球性的课题：交通拥挤、基础设施建设的经费不足、设施老化、住房短缺、环境恶化、物价暴涨，等等。全世界的人类居住区中，有近 10 亿人口住房情况短缺或居住条件十分恶劣，至少有 1 亿人没有固定居所，有 6 亿人所处的生活环境对生命和健康不利，全世界至今仍有四、五成的城市居民的居住环境犹如贫民窟。改革开放以来，我国大多数城市只重视经济发展忽略了人居环境建设，有些地区和城市甚至还以破坏人居环境的代价来发展经济，只有极少数城市发展经济的同时还考虑到了人居环境的建设，但是其经济发展还比较缓慢，人民的物质生活也相对落后。总的来说，我国的人居环境建设还很落后，有的甚至遭到了严重的人为破坏，人居环境的问题越来越突出和严重，所以研究人居环境的可持续发展就尤为重要。人居环境的可持续发展虽然已经成为各方面研究的热点，但到目前为止，可持续发展所拥有的全部理论和方法，还远远不能恰当地反映和解释它所面临的对象。目前，对人居环境事业研究的重点应该集中在生态环境及可持续发展两方面，这也是目前全人类和国际社会共同关注的，与人类生存和发展息息相关的热点问题。因此，研究城市人居环境可持续发展的意义十分重要。

就在我国人居环境问题越来越严重的同时，我国学者却大多数专注于研究东南发达地区的人居环境而对我国西部欠发达地区的人居环境少有研究。在最近的十年间，由于城中村改造和城市空间的扩展，重庆将大量农村人口迁到城市生活，那么，人们的生存方式、居住环境都发生质的变化，就连居住地也发生变化。这就要求我们要树立起人居环境可持续发展的观念，要为人居环境的改善找到一条光明坦途。找对方向，明确手段与方法，确立正确的、符合人居环境客观发展规律的指导思想。在这划时代变革之际，寻求可持续发展的人居环境模式，建立有效的评价体系不仅重要且急迫，还将具有深远的理论意义。

2. 现实意义

随着西部大开发进程的加快，无论是从西部自身的开发和发展，还是从缓解全国经济发展过程中的人口、社会、经济、资源和环境的压力来说，西部所承受的资源、社会、环境压力是全国最严重的，所以在西部大开发的进程中我们必须坚定一个基本原则——可持续发展，这一原则坚决不能改变。我国西部的可持续发展应与全国的可持续发展形成一个有机整体，相互促进，西部没有形成可持续发展，西部大开发也就不可能成功。

直辖以来，重庆市城乡居民居住条件大为改观，公共空间明显改善，服务设施逐步配套，人居环境建设取得了重要阶段性成果。但仍存在人居环境亟待优化、服务配套相对滞后、污水处理率较低、空气质量差、农房建设比较散乱等诸多问题。只有通过不断改善人居条件，提高人民群众的生活质量，努力建设生活舒适、环境优美、功能完善、繁荣和谐的宜居重庆，才能满足市民对宜居的追求和向往，实现人、自然、社会的和谐统一。因此，研究可持续发展的人居环境问题，必然应从重庆的现实情况出发，对重庆市人居环境可持续发展现状做一个总体评价，总结重庆可持续发展问题。通过对重庆这个处于发展中的西部城市人居环境可持续发展的研究，不仅可为重庆人居环境的改善指明方向，也会对西部其他城市的人居环境可持续发展和社会发展起到一定的借鉴意义。

1.2 国内外人居环境理论研究与发展

1.2.1 国外人居环境理论研究与发展

人居环境和人类住区都是对 Human Settlements 的不同翻译，一般是指人类从事有组织活动的地域，突出以人类主体为核心。根据研究问题的出发点、主要研究内容，西方的人居环境思想发展可分为三个阶段。

1. 19 世纪末至 20 世纪二战前

16 世纪欧洲的“乌托邦”的著作已勾画出理想的人居环境蓝图。1898 年霍华德（Ebenezer Howard）发表了《明日：一条通向真正改革的和平道路》，他认为应该建设一种兼有城市和乡村优点的“花园城市”来改善城市质量。格迪斯（Patrick Geddes）则从一个生物学家的立场来研究城市生态问题，强调要把自然地区作为城市规划的基本框架和背景（1915），芒福德（Lewis Mumford）在很大程度上继承和发扬了格迪斯的理论，揭示了决定现代城市生长和变化的动力，提倡要“创造性地利用景观，使城市环境变得自然而适于居住”。沙里宁（Eliel Sarrinen）的有机疏散理论则认为应当把密度过高的城市人口和工作岗位分散到可供合理发展的离开中心的地域上去，这样城市既可符合人类工作和交往的要求，又不脱离自然环境。

针对日益增多的汽车交通对居住环境的副作用，佩里（Clerance Perry）首先提出“邻里单位”概念（1929）。他主张扩大原来较小的住宅街坊，以城市干道所包围的区域作为基本单位，建成具有一定人口规模和用地面积的“邻里”，使居民有一个舒适、方便、安静、优美的居住环境。以勒·科比西埃（Le Corbusier）为代表的国际现代建筑协会（CIAM）试图以现代形体技术手法探求适应时代要求的现代城市人居环境模式（1922）。1933 年，CIAM 提出了现代城市规划的大纲《雅典宪章》，完整地提出了城市的功能分区，使居住、工作、游憩与交通四大城市功能得到合理组织，从而让城市能满足其中广大居民在生理上及心理上最基本的需求，宪章强调指出“居住是城市的第一功能”。

2. 二战后至20世纪70年代

二战后，西方城市面临着战后重建的问题，物质空间规划起了重要作用，但这种模式在人类行为、情感、环境等方面存在的缺陷也日益明显。CIAM第十小组提出了以人为核心的人际结合思想（1954），认为城市的形态必须从生活本身的结构中发展起来，城市和建筑空间是人们行为方式的体现。同时，杜克塞迪斯（Doxiadis）提出了人类聚居学的概念，强调对人类居住环境的综合研究。即人类聚居学要从自然界、人、社会、建筑物和联系网络这五个要素的相互作用关系中来研究人居环境。考虑到二战后城市化进程的新问题和社会人文科学的广泛介入，《马丘比丘宪章》（1977）在强调“人与人相互作用与交往是城市存在的基本根据”的同时，提出“同样重要的目标是争取获得生活的基本质量以及与自然环境的协调”，这正是城市人居环境建设所应包含的基本内容和目标。

20世纪70年代，人们紧密依靠现代技术手法和高度关注人类生态环境的思想，构想未来城市人居环境模式。如柯克的插入式城市和阿基格拉姆（Archigran）的行走式城市（1964），菊川清训的海上城市（1970），等等。关于人居环境问题的全国性研究与实践首推美国，以1969年《国家环境政策法》（NEPA）为开端，美国政府机构建立制定并实行了一系列与人居环境保护开发有关的法规条例。整个70年代，政府机构、私人研究组织和学术机构尝试在城市里运用经济和社会指标，指标方案采用纵断（剖）面图、需求评价、城市状况报告、市民调查和社会经济数据的形式。

3. 20世纪80年代以来

人居环境的改善上升为全球性的奋斗纲领。从1980年联合国大会向全世界发出的呼吁到1987年题为《我们共同的未来》的报告，都明显地反映出可持续发展成为人居环境的发展方向。1992年联合国环境与发展大会通过的《21世纪议程》中专门设有“人类住区”的章节，指出“人类住区工作的总目标是改善人类住区的社会、经济和环境质量以及所有人，特别是城市和乡村贫民的生活和工作环境”，为此它共列出有关的八个方面的领域。1996年第二届联合国人类住区会议探讨了两大主题“人人有适当住房”和“城市化世界中的可持续人类住区发展”，提出了纲领性文件《人居环境议程：目标和原则、承诺和全球行动计划》，并要求“在世界上建设健康、安全、公正和可持续的城市、乡镇和农村”。随着地理信息系统的发展和政府放权行动，建立一套综合性、技术性的邻里指标有了技术支持和实际需要。美国城市学会启动了国家邻里指标项目（NNIP），NNIP 的目的在于通过报告与持续贫困和邻里衰退有关的讨论和政策商议，提供社会经济方面可靠而且连续的信息。由参与的研究组织汇总邻里数据给政府、非营利部门和社区组织里的各种人提供易获得而且易懂的信息。另外随着人居环境资源评价普查技术逐步成熟，从环境科学发展出来的环境影响评价（EIA）被广泛运用于建筑城乡环境分析的环境影响论证、对大规模景观环境区域的分析评价和对传统村镇聚落的景观分析等。

回顾西方人居环境研究进展可以看到：二战前研究出发点是把城市作为一个整体，探讨如何在工业社会中使城市在自然生态环境下不致恶化；二战后至 20 世纪 70 年代随着计量革命的出现，定量化研究趋势加强，人们开始倡导城市的人文色彩，居民对以社区为单位推进人居环境建设表现出了极高的热情；20 世纪 80 年代以来人居环境以可持续发展为战略取向，成为全球共识，并随着高科技支持和社区地位的提升，人居环境建设的操作性得到了切实加强。

1.2.2 国内人居环境理论研究与发展

国内人居环境理论研究主要经历了三个发展阶段。

1. 天人合一的传统思想与实践（1949 年以前）

从重庆人居环境可持续发展来看，几千年的奴隶社会和封建社会基本上体现了儒家思想为主流的特征，儒家的天人合一便构成了中国传统居住及其环境建设的理论与实践的框格。最早的“卜宅之文”在商周之际或更早即已出现，里面的篇章都是有关先民取址和规划经营城邑官宅活动的史实性记述。后经长期变革而趋于繁复纷杂，但其宗旨与基本追求仍是“天人合一”，即审慎周密地考察自然环境、顺应自然和有节制地利用和改造自然，创造良好的居住环境而与天时地利人和兼备。悠长的封建社会中，不论是都城、军镇、皇宫等特殊功能的居住区，还是平民百姓的普通民宅营建都是严格按照这一思想进行的。

2. 自给社区理论与实践时期（1949—1978 年）

1949 年新中国成立，开始逐步全面变更“天人合一”的传统思想与实践。苏联、不少东欧国家的规划、建设理论和原则被搬到中国来，并且实际地应用于新的社区建设和老的住宅区的改造之中。例如住宅采用自给自足的小区概念，住宅区按严格计划建设成日常自给社区，布局接近工作单位，特别是新建的工业区。

3. 现代开放时期人类住区可持续发展思想与实践（1978 年以来）

1994 年我国通过了《中国 21 世纪议程——中国 21 世纪人口、环境与发展白皮书》，第十章即为“人类住区可持续发展”，设 6 个方案领域：① 城市化与人类住区管理；② 基础设施建设与完善人类住区功能；③ 改善人类住区环境；④ 向所有人提供适当住房；⑤ 促进建筑业可持续发展；⑥ 建筑节能和提高住区能源利用效率。国家自然科学基金委员会继 1994 年在昆明召开“人居环境与 21 世纪华夏建筑学术研讨会”后，1995 年又主持了“人聚环境与建筑创作理论青年学者学术研讨会”。在这个会议上，“人类聚居环境”作为学术术语在我国正式被提出。吴良镛认为人居环境科学是以包括乡村、集镇、城市等在内的所有人类聚居环境为研究对象的综合性学科群，提出要以“建筑、园林、城市规划的融合”为核心来建构人居环境科学的学术框架，拟定其研究领域有：① 居住系统；② 支持系统；③ 人类系统；④ 社会系统；⑤ 自然系统；⑥ 跨系统研究（1997）。清华大学据此对长江三角洲的苏锡常地区进行了研究，强调建立“自然-空间-人类”系统。朱锡金提出了面向 21 世纪的居住区规划问题（1994），认为居住区规划设计：① 要强调效益原则、生态原则和文化原则的统一；② 要组构多种以居住功能为主体的发展单元；③ 要与社会发展规划接轨；④ 要适应住宅私有化趋向；⑤ 不断提高和改善已有居住地的功能和环境素质。他提出了生态住区的概念（1994）。杨贵庆则对大城市周围地区小城镇的人居环境可持续发展作了系统研究（1997）。胡俊从探讨中国城市的模式与演进入手，认为城市适居性程度已成为世界城市发展竞争新的主题内容（1994）。“城市社区建设”这一工作思路和理论命题的提出，是带有中国特色的城市管理新概念，是基于我国基层政权建设、社会保障体系的建立和完善的新概念，是中国社会全面改革中的一个新概念。1987 年，国家民政部在武汉召开了全国城市居民生活服务的座谈会，会上正式提出“社区服务”的概念，并把它列为城市区政府及其派出机构街道办事处的一项重要工作任务。著名社会学家雷洁琼教授提出要加强社区建设，推动经济和社会的协调发展。2003 年中国人居委员会在首届中国人居环境论坛上，就发起了“中国人居环境新城镇发展推进工程倡议书”，并且首次提出了《住宅人居环境建设七大技术纲要》。

对于评价方法，刘滨谊提出CQE工程，试图以现代方法技术实现人居环境研究与实践，他认为“全球、国土、区域的人居环境的建设发展与保护所面临的问题，其集中表现是广义建筑学、质量控制及其演变预测的问题”（1996）。谢让志将全国分成四大城市住区，另外选择与生态环境类、经济环境类和社会环境类相关的大类27项作为评估指标，然后得出四大城市区住区环境质量综合评估的结论（1997）。杨贵庆选取上海大都市不同的居住地进行样本研究，通过问卷调查和统计，归纳出居住地社会调查的综合评分、邻里交往现状、对邻里交往的态度、对周围邻居文化素质的印象、住房和邻里的安全性评价、是否希望长住于此、居住地的最自豪之处、对居住地环境最大的不满、最希望居住地做出的改进、最喜欢的住房和对所在居委会的印象等15项内容，并就此提出“提高社区环境品质，加强居民定居意识”（1997）。吴志强等分别从区域、城镇、社区和家居四个层面提出了相应的可持续发展评价指标体系，并作了专题研究（2003）。

目前人居环境学术研究人才以建筑学为主，社会学、地理学等学科人才也正日益介入。我国作为历史文明古国，人居环境思想有深厚的东方文明作依托。随着我国政府对人居环境事业的不懈追求，其理论及实践必将得到不断的完善。

1.3 研究目的、方法和结构

1.3.1 研究目的

重庆是中国西部地区唯一的直辖市，也是西南地区和长江上游最大的经济中心城市和水陆空立体交通枢纽，作为全国面积最大、人口最多的大都市，其经济繁荣与否，人居环境状况好坏与否直接影响我国西部乃至全国国民经济和社会的发展。在过去几年里，重庆人居环境建设发展取得了长足进步。但也暴露了一些弊端，如日益严峻的环境形势、经济核算中可持续性的忽略、评估不当带来的某些决策失误，等等。这些因素将会给重庆人居环境的可持续发展带来长期影响。本文拟通过建立人居环境可持续发展指标体系，对重庆的人居环境可持续发展状况进行评估，为管理决策者提供依据；通过定量评估重庆人居环境可持续发展总体水平，揭示该地区人居环境发展过程中的各种矛盾和问题，并分析矛盾和问题产生的原因，及时提供给当地管理部门，以便采取对策，促进本地区人居环境的可持续发展；利用指标体系引导人们在人居环境建设中贯彻可持续发展思想，完成重庆的发展规划和人居环境建设可持续发展的基本目标；站在可持续发展的角度，对重庆人居环境可持续发展提出自己的政策建议，以期对重庆城市的人居环境建设的可持续发展有一定积极作用。

1.3.2 研究方法

人居环境科学的研究是一项复杂的巨大的系统工程，涉及建筑学、地理学、社会学、工程学、环境学、生态学、经济学、心理学、美学等众多学科领域，因而需要采用多种研究方法和手段，本文采用的主要方法有：

1. 系统分析方法

人居环境是个复杂的开放的巨系统，仿照城市生态学的观点，一般可认为，人居环境是由自然、经济和社会三个子系统所组成，而每个子系统都有各自的内涵，这些组成部分及要素又是相互作用的。运用系统分析法，有利于深刻认识人居环境的内在联系、揭示人居环境的本质和规律。

2. 理论研究与实证分析相结合的方法

人居环境科学的理论框架刚刚形成，对概念的开发、理论和方法的研究是当前研究的中心任务之一。本文对人居环境理论进行了总结和探索，对人居环境可持续发展评价方法进行了研究，并以重庆为例，进行了实证分析，使理论研究得到了运用与验证。

3. 定性与定量相结合的方法

定性研究与定量研究是科学研究的两条基本途径。定性研究从属于人文范式，它侧重于对事物的含义、特征、隐喻、象征的描述和理解；而定量研究从属于实证主义，它侧重于对事物的测量和计算。本文对于人居环境科学理论的建构采用的就是定性研究法，因为它不强调在研究开始就有一种明确的理论基础，相反地，理论是在定性研究过程中逐步发现和形成的。而本文的评价方法及实证分析就采用了定量分析法，因为定量研究须以理论为出发点，同时反过来又对理论进行检验。可见，定性分析是定量分析的基础，而定量分析是定性分析的深化，二者相互补充、相互对照。

1.3.3 研究思路

本书的研究思路如图 1.1 所示。

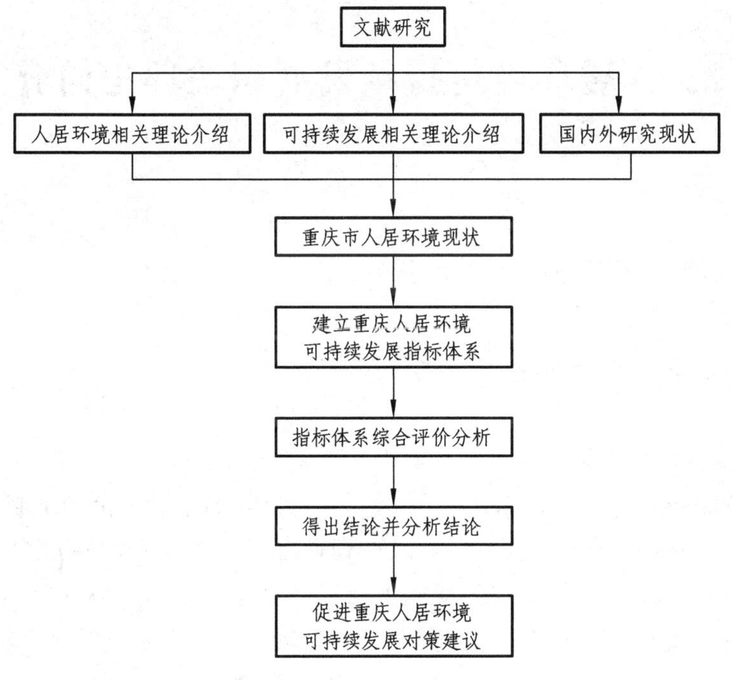

图 1.1 研究思路

按照以上的研究思路，本研究的结构主要由七章组成：

第 1 章介绍了本文研究的背景、方法、意义，以及国内外人居环境理论研究与发展。

第 2 章简单介绍了人居环境可持续发展研究的相关理论。

第 3 章对重庆市人居环境可持续发展研究的经济基础、自然环境、社会环境进行介绍分析。

第 4 章介绍了评价体系的研究进展，详细描述了指标体系构建的过程，包括指标的选取、指标评价标准的确定方法及指标权重的确定方法等。

第 5 章利用建立的评价指标体系对重庆市人居环境可持续发展情况进行定量分析和研究，得出重庆人居环境可持续发展的情况。

第 6 章国内外人居环境可持续发展案例分析。

第 7 章重庆市人居环境可持续发展结论及相关对策建议。

2 人居环境可持续发展相关理论简介

2.1 人居环境相关理论简介

2.1.1 人居环境的概念

“人居环境”的说法最早来自于《人类聚居学》(*Ekistics: An Introduction to the Science of Human Settlements*),本书是希腊学者道萨迪亚斯(C. A. Doxiadis)1968年所著。“settlement”一词通俗一点讲,可以理解为“聚居地”的意思或者说是“村落”,吴良镛先生把它说成是“聚居”。从1980年开始,吴良镛先生致力于道氏“人类聚居学”的研究。吴先生是我国科学院和工程院双料院士,他在结合了中国国情的基础上,提出“人居环境科学”(the science of human settlements)的基础框架。这一框架考虑了各种尺度、各种层次的人类聚居环境,涵盖了乡村到城市,并不只是单纯的建筑问题,或城市问题。人类聚居环境指的是人类生存活动的各种类型的环境,特别指人的意识行为影响下的环境,比如说建筑、城市、风景、园林等人造环境。人居环境科学是一门新学科,它是由人类居住、环境科学两大学科作为基础发展起来的,又是对建筑学、城市规划学和景观建筑学的综合。这个学科是一门综合性学科,研究包括乡村、集镇、城市等在内的以人为中心的人类聚居活动。人类的聚居活动和生存环境是联系的而并非是相互孤立存在的。因此,这一学科的研究领域是一个综合系统,它的特点可以概括为容量大、层次多、学科杂。人居环境就是和人类生存活动有着密切关系的空间,按照字面的意思就可以简单地解释为人类聚居生活的地方,它是人类生存在大自然中所不可欠缺的条件,同时它也是人类利用自然和改造自然的场所所在。其评价标准是:人类的活动对人居环境的影响程度及其严重性,以及功能作用的重要性。人居环境还能细分为生态绿地系统和人工建筑系统。综上所述，人居环境就是人类活动的各种空间场所。在这个广阔的场所当中，人们可以从事诸如工作、劳动、生活、居住、休息、游乐、社交等各种各样丰富多彩的活动。

吴良镛先生同时指出，人居环境是一门以所有人类聚居形式为研究对象的学科，这一学科强调人类聚居是一个整体，它着重研究人与环境之间相互影响、关系，并且全方位系统地研究是要从政治、经济、社会、文化、科技等各个方面进行。它又不同于城市规划学，它只涉及人类聚居的某一部分，同样它也不同于地理学和社会学等关于人类聚居某个侧面的学科。研究人居环境的目的是从研究中掌握客观规律。只有从客观规律出发，才能更好地建设起一个人类理想的聚居环境。

综合来讲，人居环境科学不是单一层次的学术范围，由于其研究人造空间环境建筑科学的起源，致使人居环境的特点主要以建筑与周边环境的舒适来探讨人类的居住问题。同时，由于人居环境科学复杂的学科结构，使其呈现出异彩纷呈的学科融合的魅力。人居环境不是简单的扩大人类居住区或是缩小地域系统就能将概念阐述清楚的，它以建筑科学为基本依托，同时涉及环境、生态、地理、社会、经济、城市规划等自然与人文科学的方方面面，并将各方面的因素完美地耦合在一起，显示了边缘科学的特点。人居环境科学的各学科交叉图谱如图 2.1 所示。

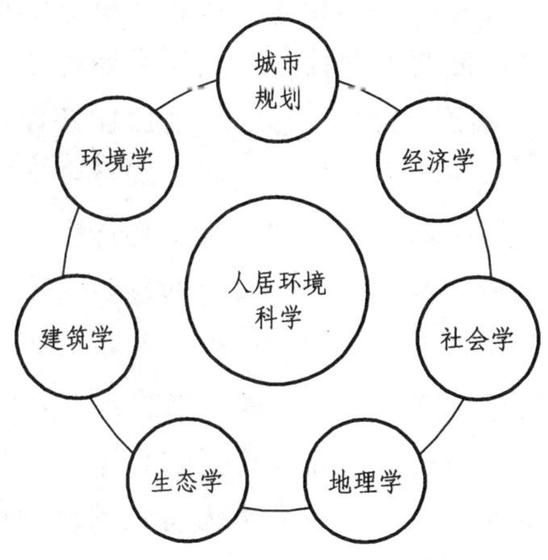

图 2.1 人居环境科学交叉学科图

本书对于人居环境的理解是我们人类的人居环境无处不在，只是范围大小的不同，大到地球，中到城市、乡镇；小到村落、社区，皆是人居环境，而人居环境的质量又和人们生活质量有着密切的关系。当代人既有享受现代化日常生活的需要，又有回归自然的精神渴求。但实际情况是，我们所生活的地球正日益严重地遭受着有意无意的人为破坏，日趋严重的各种环境污染问题正一点点地侵蚀着我们的家园，生活在地球上的每一个人都应该深刻地意识到，保护人居环境已刻不容缓！可喜的是，人类已经认识到“只有一个地球”，并明确提出了“可持续发展”的思想，人居环境渐成世人瞩目的焦点。

2.1.2 人居环境的内涵

人居环境由于其多学科的相互渗透融合，导致至今还没有统一的定义可以将其阐述清楚。各个学者研究方向的不同导致对其定义也千差万别。总的说来，按等级层次可分为宏观人居环境与微观人居环境。按构成要素可分为广义人居环境和狭义人居环境。

其中宏观的城市人居环境是从大方面着眼，涵盖了包括居民生产生活所必不可少的城市建筑环境和城市生态环境以及城市的人文环境等在内的各项城市生存环境的软、硬件。与之相反，微观的城市人居概念则是从细节落手，强调了城市住宅环境中基础设施以及小区绿化、卫生问题等与居住环境的安全归属感和社会交往行为中的心理活动的结合。

从人居环境概念的另一个角度分析，城市人居环境广义上的概念是指以人为中心形成的，由各类物质实体和非物质实体组成的城市生存环境，它包括人居硬环境和人居软环境两方面内容。人居硬环境即人居物质环境，是自然要素、人文要素和空间要素的统一体，包括居住条件、生态环境、基础设施和公共服务设施等三部分；人居软环境即人居社会环境，指的是居民在利用和发挥硬环境系统功能中形成的一切非物质形态事物的总和。如关心对私人空间领域的尊重和保护，也关心对公共空间领域的维护，关注对社会各个阶层，尤其是弱势人群（老人、儿童、妇女、残疾人等）的扶助和关怀等。而狭义城市人居环境仅指由各类物质实体构成的城市人居硬环境。

本书对于城市人居环境的研究是以广义的城市人居环境概念为基础。以城市为研究范围，以生活在城市中的人类为研究围绕的核心问题，逐步扭转现今我国日趋恶劣的城市宏观与微观的人居环境。

虽然对人居环境概念的定义多种多样，对人居环境研究的方向也各有所长。但是由于人居环境的研究都是以人类为核心，研究的最终目的也是满足人类对居住的需要，所以人居环境的研究的焦点始终还是离不开“人”。自然界是人类一切活动的场所，人类的生产生活都离不开广阔的自然背景，所以说自然界是人居环境的基础。环境是人类与自然之间产生相互作用和影响的介质，人居环境建设就是这一种相互联系和相互作用的一种表现形式。理想的人居环境，它追求的是一种在形式表现上体现出人与自然和谐统一的状态，就像我们古语所说的“天人合一”的意思。人居环境包含的内容很多很复杂，人在环境中组成社会，共同进行各项社会活动，努力创造适宜的居住场所和生活建筑，再进一步形成规模更大和关系更为复杂的支撑关系网。人创造人居环境，人居环境又反过来作用于人，对人的行为产生影响。

到目前为止，人居环境的系统构成理论已经得到了全球广泛的认可，一般来讲，人居环境系统由自然系统、人类系统、社会系统、居住系统、支撑系统等综合构成。

第一是自然系统。从整体上来说，自然环境和生态环境是人类的各项活动产生作用的基础，是人类赖以生存的最基本的必要条件。对自然系统的研究分析要有侧重点，对和人居环境有关的、重要的自然系统运行发展原理要进行理论加实践的研究和分析。第二是人类系统。人类系统主要指作为一个个的个体存在着的聚居形式，它侧重于对人的物质需求、人的生理、心理、行为等有关的机制形成和发展的机理进行分析。第三是社会系统。人居环境是公共的要素，是人与人相处的居住环境。人居环境要适应人与人在地域空间上的关系特点，人居环境建设的目标是要促进全社会人民的和谐与幸福。在规划建设人居环境之初，就要开始关心人，就要开始考虑到方便人们的活动，因为这样才能体现出研究人居环境科学的出发点和期望目标。第四是居住系统。居住系统主要指的是人类系统、社会系统等的住宅、社区设施、城市中心等，它体现了人们的生存活动需要和人类活动创造出来的艺术特征。居住问题一直以来都是且必将仍是未来中国和全世界的重大问题。住房不仅仅是一种实用商品，我们必须还要把它看成是一种有效工具，一种能够促进社会发展的工具。第五是支撑系统。支撑系统指的是属于社会的基础设施，它为人类生产生活活动提供支持、服务于聚落，同时又能将聚落联为整体的系统，包括技术支持保障系统，经济、法律、教育和行政体系等。

而我国的学者李丽萍对人居环境系统的构成有着不同的看法，她认为城市的人居环境可以分为五个子系统：自然生态环境、居住生活环境、基础设施环境、社会交往环境和可持续发展环境，而每个子系统又包含有众多的内容。

这一理论得到了很多学者的赞同，表示由自然生态环境、居住生态环境、基础设施环境、社会交往环境、可持续发展环境构成人居环境的理论有一定的先进性。但是由于本书主要的研究方向是以前人的成果为依托，综合考虑重庆的环境特点及本人的能力，所以本书着重从社会发展、经济发展和生态环境三方面，建立人居环境可持续发展的评价指标体系，研究重庆的人居环境现状和趋势。

2.2 可持续发展的相关理论简介

可持续发展是世纪之交的一个重要课题。1996 年 6 月 3 日至 6 月 14 日，联合国在土耳其伊斯坦布尔召开了第二届人类住区大会，本届大会的主题是："人人享有适当的住房"和"城市化进程中人类居住环境的可持续发展"。它充分说明了人类对自身生存最基本条件的关切，而居住环境的舒适是人类文明的重要标志之一。我国政府在大会期间提交了《中华人民共和国人类住区发展报告》，报告由我国多个部委共同编写完成，编制单位包括建设部、外交部、国家科委、国家计生委、国家环保局、国家统计局等部门。该报告所提出的 1996—2010 年中国人类住区发展"15 年行动计划"，自那时候起成为了中国 15 年提高人类住区水平的跨世纪纲领。

可持续概念的发展和运用是由于近年来全球能源危机的加剧以及公害问题的频繁出现，其使人们幡然醒悟，过去盲目追求经济增长而不顾环境及社会效益平衡的行为无异于在自掘坟墓。"可持续发展"一词最早出现于 1980 年国际自然保护同盟制定的《世界自然保护大纲》当中。概念最初出自于生态学，实质是一种关于资源的管理策略。接下来"可持续发展"在经济学等学科有了不同的含义。到了 1987 年，经过 4 年不懈的努力，以布伦特兰夫人为首的 WECD 成员们向联合国提交的《我们共同的未来》报告中正式提出了可持续发展的概念。报告当中将可持续发展概念的定义为：满足当代人生活生产需求的同时又保证后代人需求的发展模式。

2.2.1 可持续发展的概念

1980 年的《世界自然保护大纲》首先将可持续发展（Sustainable Development）这个词汇作为专业术语提出，打开了可持续发展的先河。随后世界联合国大会于 1980 年 3 月 5 日呼吁全球人民共同努力以实现"必须研究自然的生态的经济的以及利用自然资源过程的基本关系，确保全球持续发展"的目标。"可持续发展”的定义是在 1987 年世界环境与发展委员会在发表的题为《我们共同的未来》的长篇报告中正式提出来的，同时该报告还正式指出了可持续发展的模式，即既满足当代人的需要，又不对后代人满足其需要的能力构成危害的发展模式。这一发展模式后来在世界范围内得到广泛的接受和认可。1992 年联合国在里约热内卢召开环境与发展大会，会议通过了《里约宣言》与《全球 21 世纪议程》，确定了走可持续发展的发展道路。可持续发展的定义经常表述为既满足当代人的需要又不危害后代人满足其需要的能力，既符合局部人口利益又符合全球人口利益的发展。这一定义是对可持续发展的完美诠释，是目前为止对可持续发展表述最全面、最科学、最先进、最有远见的概念定义。可持续发展拥有五个方面的基本内容：

（1）可持续发展的公平性。它强调人类在本代人之间、代际和区域间应当具有平等的追求发展和满足需求的机会。

（2）可持续发展的持续性。它指的是人类的经济和社会发展不能超越资源与环境的承载能力。可持续发展要与资源的承载能力相协调，要创造空气清新、水体清澈、大地泛绿、动植物丰富多彩的生态环境，对良好的环境要保持，对已受到破坏的环境则要加以改善。

（3）可持续发展的需求性。它是指可持续发展的目的是为了满足人类在物质和精神方面的需求，尤其是贫困人民的基本需求。其必要条件是实现经济长期、稳定、高效地增长；其充分条件则是将人口控制在适度规模，既满足发展对劳动力的需求，又不对需求产生压力。

（4）可持续发展的限制性。制约可持续发展的因素包括技术经济条件、社会组织管理水平、资源环境承载力等。

（5）可持续发展的协调性。资源、环境、人口、经济、社会的相互协调发展是实现可持续发展的根本途径，只有实现协调发展，才能实现真正意义上的可持续发展。

根据以上的论述我们不难发现，可持续发展观凸显了两个特点：首先是可持续发展观的基本要求，也就是所强调的发展的可持续性，这一点要求我们在进行推动社会发展的经济活动时要切实考虑到自然生态环境的承受力，不能盲目以资源的消耗作为发展的手段；其次就是发展的协调性要求，也就是可持续发展付诸实践的不二途径，它要求经济的发展要牢牢地限定在自然生态环境和资源的临界值之内，可持续发展过程中要使经济、社会、资源、人口、环境等相辅相成共同促进。综合来说，可持续发展的两个特点是合二为一，不可分割的，两个特点同时抓牢，才能使可持续发展切实实现；与此同时，要在实践中建立可持续发展的阶段性目标，可持续性发展观的持续与协调切合实际需要。现在世界范围内对可持续发展的研究方向主要指向城市可持续发展研究、区域可持续发展研究、可持续发展的定量化研究、消费可持续发展研究、可持续发展对策研究、人口可持续发展研究等。

可持续发展的概念从不同的角度有不同的理解，人们应用最多的定义就是世界环境和发展委员会提出的，满足当代人的生活生产需求的同时又保证后代人需求的发展模式。更深一步的意思就是指经济、社会、资源和环境保护的发展要协调一致，可持续发展指既要达到经济发展的目标，又不破坏自然生态环境，只有在这样的发展模式下，我们的后代人才能源远流长地发展下去。江泽民同志曾语重心长地指出："我们决不能吃祖宗饭而断了子孙路。"可持续发展与环境保护既有联系又不等同。环境保护是可持续发展的重要要求。可持续发展的核心点是发展，进一步讲，对发展提出来的要求是发展能够持续。可持续发展的实现需要在严格控制人口数量、提高人口素质、保护自然环境、资源永续利用的前提下进行经济和社会发展。这一概念在理论上的观点是发展经济、保护环境、节约资源三者息息相关、互为因果不能分离。此后，世界环境与发展委员会（WECD）又对这一定义作了补充，"个人的发展不能以损害他人的权利为基础"，强调代际平等与代内平等。"人居环境可持续发展的实质是致力于促进人类与人类之间以及人类与环境之间的和谐。"经过人们的不懈努力与研究，可持续发展概念的含义有了深入发展，综合起来可以这样理解：通过妥善处理好人与人、人与自然之间的关系，在确保整个生态长久的平衡、良性循环和不过度恶意开发资源的原则下，去实现人、经济与社会的发展。

2.2.2 可持续发展的基本思路

可持续发展的实质内容是实现一个和谐的社会，在这个社会里，人人平等享有自由，没有社会暴力，每个人的人权都能够得到尊重，人们享有平等的教育机会，生活质量健康水平高。可持续发展要求人们建立起科学合理的消费模式和生活体系，要求人们必须改变传统生活消费方式，合理利用自然资源。人居环境的优劣与各个社会成员有着切身的、直接的利益关系，因此，社会成员的各个个体都会共同地积极参与其中，从而成为一个区域乃至整个社会可持续发展源源不断的动力源泉。人居环境可持续发展的观点要求我们一定要把行动落实到实处，要求我们积极推进绿色住宅的建设，倡导人们养成节能、环保、爱护地球的消费理念和生态理念。

可持续发展强调社会公平是发展的内在要求和环境保护得以实现的机制。鉴于地球上自然资源分配与环境代价分配的两极分化严重影响着人类的可持续发展，因此发展的本质应包括普遍改善人类生活质量，提高人类健康水平，创造一个保障人们平等、自由、教育、人权和免受暴力的社会环境。这就是说在人类可持续发展的系统中，经济可持续是基础，生态可持续是条件，社会可持续才是目的。人类应该追求的是以人为目标的自然-经济-社会复合系统的持续稳定健康发展。

2.2.3 协调发展的理论

现代发展的内涵是指整个现代社会的生态、经济、社会诸方面都得到发展。它可以概括为生态发展、经济发展和社会发展三个方面。因此，可持续发展不是指单纯的经济发展，而是三种可持续性相互联系、相互适应、相互协调发展。

协调发展（coordinated development）是指为实现系统总体演进的目标，各子系统或各元素之间相互协作、相互配合、相互促进而形成的一种良性循环态势。一方面，“协调”作为发展的核心，既是发展的手段，又是发展的目标，还是评价发展的标准和尺度，协调和发展是合一的，对协调问题的关注应是积极、主动和自觉的，而传统的协调与协调发展理论的目标则是经济的增长或发展，协调只是实现这一目标的手段而已。另一方面，其表现为立足于经济系统内部的协调，扩大到整个人口、社会、经济、科技、环境和资源大系统的协调，协调由封闭型发展为开放型。

协调发展系统运行产生经济效益、社会效益和生态效益。它综合反映人口、经济、社会、科技、资源和环境组成的协调发展系统的整体性、协调性和有序性特征及其程度的概念。它要求我们在进行各种经济活动时不能单纯考虑经济效益、社会效益或生态效益的提高，而是要综合考虑三个效益的同步提高，即协调发展问题。

人居环境不是孤立的环境，它融合了包括自然生态环境、人工建设环境以及人文社会环境在内的多方面构成因素。水能载舟，亦能覆舟。总的来看，经济活动的最终目标是以经济带动人居环境和谐发展。人们在人居环境中进行经济活动的同时要充分考量经济活动对于人居环境的各种反馈。片面追求经济效益不顾人居环境的行动都与经济活动的最终目的相违。两者相辅相成共同发展才是做到人居环境可持续发展和经济活动可持续发展的唯一捷径。

2.3 其他相关理论简介

2.3.1 生态经济学理论

从世界范围内来看，生态经济学的起源可以追溯到17世纪末至18世纪初期，已经经历了时间漫长的淘砺。最初的形态是从古典经济学家对于经济增长与资源承载力及环境容量之间关系中衍生出来的。生态经济学真正的兴起与发展阶段是20世纪20年代中期到70年代末期。生态经济学概念是美国经济学家麦肯齐在人类群落与社会的研究中第一次开始应用的。

我国对于生态经济学的研究则是在20世纪70年代末至80年代初，1982年9月在银川召开了全国第一次农业生态经济学学术讨论会，另于1982年11月在南昌召开了全国第一次生态经济学学术讨论会。至此，我国生态经济学的研究拉开了序幕。此后，中国生态经济学会也于1984年2月在北京正式成立，标志着生态经济学系统研究的正式开始。

生态经济学是人类对经济增长与生态环境关系的反思，它的研究对象是生态经济巨系统，其目的是研究人类经济活动和生态环境关系及规律。生态经济学力图理解整个资源环境经济复杂巨系统，在承认人类与自然系统之间联系的同时，认为人类社会只是生态系统的一个子系统。生态经济学具体研究生态系统结构和功能特点，揭示经济系统与生态系统之间的相互影响、作用及制约的规律；协调人类与自然、生态、经济之间的关系；研究生态平衡与经济平衡的关系、生态效益与经济效益的关系、生态供给与经济需求的矛盾等。生态经济学认为应该把生态系统和经济系统看成是相互渗透的开放式复合系统，必须把生态和经济放在同等重要的位置上，以此来谋求社会经济系统和自然生态系统协调、持续、稳定发展。

生态经济学的拓展是在资源保护、环境管理及经济发展需要的过程中得以实现的。从宏观层面上看，生态经济研究从生态平衡论逐步拓展为相互协调论及可持续发展理论；在产业层面上，生态经济研究从农业逐步拓展至工业乃至服务业；在研究内容上，生态经济研究从生态保护逐渐拓展至生态建设和生态恢复；在地域层面上，生态经济研究从生态村拓展至生态镇、生态县、生态市及生态省；在协调层面上，从生产行为的研究拓宽至消费行为的研究、资源生态经济的研究和区域生态经济的研究。生态经济学的研究不断拓展，已经逐步成为一门能为生态经济形态的发展提供坚实理论依据和科学方法的学科。

总的说来，人居环境对生态环境的基本诉求是要做人与自然的和谐相处，也就是达到生态平衡的状态。在保障生态平衡的基础上追求经济的可持续发展才是可取的。生态平衡是人居环境的基本法则和基本要求，经济发展更要遵循生态经济学理论，在经济发展的同时使生态环境保持良好的状态。城市是一个人与自然相互作用的复杂巨系统，只有走经济与生态环境协调发展的道路，才能保证生态平衡、环境良好，为良好的城市人居环境提供生态保障，因此生态经济学理论对实现人居环境和经济协调发展具有极大的指导意义。

2.3.2 人地关系理论

人地关系，即人类社会经济活动与地理环境之间的关系，是一个古老而崭新的命题。人地关系命题的古老性反映在：一方面，人地关系是自人类起源以来就存在的客观关系。人类的生存时刻也离不开地理环境，在这一点上，原始社会和现代社会没有多大差别，仅有深度和广度的不同。另一方面，人类对人地关系问题的关注始于人类文明早期，伴随漫长的人类历史，人类对人地关系的认识论经历了原始宗教的自然崇拜、天命论、天人合一论、天人感应论、地理环境决定论、人定胜天论、人地协调论等不同人地观的更替。然而，人地关系这一命题在当代社会又显现出其崭新的一面，人地关系随着人类社会的发展而不断变化。特别是伴随工业化进程，人类社会经济活动与地理环境的相互作用越来越强，人地系统的结构与功能越来越复杂，人地关系失调而导致的人口问题、资源问题、环境问题及社会经济发展问题在不同的空间尺度上均有所表现。人地关系中人类经济活动和地理环境之间的相互作用错综复杂，可通过最能体现人地关系本质的关键要素来剖析人地关系的主要问题。从人与地关系的发展阶段看，最初是通过粮食、居所、资源、贸易和交通等基本的“联结点”来体现。

人地关系的研究大都侧重于人类生存所依赖的对自然资源的开发利用和生产建设上，而对人类生活，如人类的居住状况等研究较少。从古至今，居住都是人类生存的一个基本条件，是人类休息、娱乐的主要场所，是保证人类劳动力再生产的重要途径。住房与住区也是人类生产、生活活动的保障基地，人居环境的好坏对人类生活的质量具有直接影响。城市是人对地进行经济活动的产物。因此，人地关系理论对经济活动的影响作用不言而喻。从此意义上讲，人居现象和经济发展都和人地关系理论密不可分，城市人居环境和经济发展应以人地关系理论为指导，实现两者协调发展，使人类能够在一个经济发达、环境现代、舒适、健康、安全的城市人居环境中幸福地生活。

人地关系理论提供了正确认识生态环境与经济发展间相互作用的理论基础，为可持续发展理论提供了认识经济、社会与环境三者间关系的理论基础。在经济发展对生态环境的影响不超过生态环境承载力的基础上，使经济持续快速发展，人们对生活的满意度提高。在经济发展过程中，要合理使用和配置资源，在经济发展水平提高的同时，把经济发展对生态环境的影响控制在生态环境的承载力之内，使经济发展与生态环境和谐一致，保持良性循环的状态。

2.3.3 循环经济理论

循环经济（Recycle Economy）是美国经济学家 K. 鲍尔丁在 20 世纪 60 年代提出的。他受当时发射宇宙飞船的启发来分析地球经济的发展，认为如果不合理开发资源，破坏环境，地球就会走向毁灭。20 世纪 80 年代，人们注意到环境保护还是末端治理的方式，开始探索采用资源化的方式处理废弃物。从排放废物到净化废物再到利用废物的过程，循环经济拓宽了 20 世纪 80 年代的可持续发展研究，逐渐与自然生态系统联系起来。进入 20 世纪 90 年代，人们在不断探索和总结的基础上，提出以资源利用最大化和污染物排放最小化为主线，逐渐推行清洁生产、资源综合利用、生态设计和可持续消费等，并逐步发展为循环经济。循环经济是“资源→产品→再生资源”反馈式流动的经济模式，低开采、高利用、低排放，所有的物质和能源在这个不断进行的经济循环中得到合理和持久利用。循环经济观要求遵循“5R”原则，即再思考（rethink）、减量化（reduce）、再使用（reuse）、再循环（recycle）、再修复（repair）原则。

再思考（rethink）：改变旧的经济观念大胆启用新经济理论。旧的经济理论没有考虑资本、劳动力、资源的循环利用。新的经济理论弥补了旧理论的不足，它注重资本循环、劳力循环以及资源循环，认为生态系统是最重要的社会财富，充分挖掘资源节约的潜力。维系生态系统的平衡和可持续发展才能更好地创造出新的社会财富。

减量化（reduce）：减量化就是要在生产、流通和消费等过程中减少资源和能源消耗及废弃物的产生。

再使用（reuse）：在延长原有产品的寿命的基础上、提高产品和服务的利用效率，产品和包装容器以及初始形式多次使用，减少一次性用品的污染；做到多次重复利用、减少废弃物的排放；企业和工程中还要尽可能多地利用可再生资源、扩大利用可再生资源的领域。如尽可能利用地表水、太阳能和风能等。

再循环（recycle）：要求物品完成使用功能后能够重新变成再生资源。在生态产业、生态工程及循环经济中，针对输出端，通过废弃物回收、综合利用、将废物再次变成可用资源再利用的过程，以减少最终废物处理量和成本。

再修复（repair）：修复因人类的经济等活动所破坏的自然生态系统，自然生态系统是人类赖以生存的根本，也是人类最宝贵的财富，只有不断地修复这个天然的巨大财富我们才能创造出更多的财富。在发展经济的同时关注生态环境建设，建立可持续的生态环境才是循环经济的根本。

全世界现在都面临着众多的人居环境问题，全球人口的增殖、交通拥堵现象严重、可利用水资源严重不足、生态环境的破坏以及给世界造成不断灾难的热岛效应等。这些问题对城市经济的可持续发展和城市人居环境的长期可住性造成了严重影响。人类社会的经济结构决定着人类的聚居模式，社会价值观也影响着人类住区的发展方向。以循环经济理念为指导，坚持环境优先的原则，将环境与资源的承载力作为重要因素加以考虑，把城市定位于保护环境和实现资源可持续利用上。因此，循环经济理论无疑将对城市人居环境中环境因子的改善和经济持续稳定发展起到重要的支撑作用。

2.4 人居环境可持续发展与生态环境、社会、经济的相互关系

人的各种活动离不开建立的人居环境，人居环境是人类赖以生存的基地，是人类利用自然、改造自然的主要场所。人居环境包含自然系统、社会系统、支撑系统三个子系统。今天我们在进行人居环境建设时，应该在可持续发展思想的指导下，对自然环境进行合理开发。只有人类与自然环境共同和谐发展，我们才能建设可持续的人居环境。

人居环境可持续发展的内涵是指整个现代社会的生态、经济、社会诸方面都得到发展。它可以概括为生态发展、经济发展和社会发展三个方面。人居环境可持续发展不是指单纯的经济发展，而是三种可持续性相互联系、相互适应、相互协调发展。因此人居环境的可持续发展与生态发展、经济发展和社会发展三个子系统有着紧密的相互制约关系。

首先，可持续发展的人居环境意味着人居环境的三个子系统的可持续发

展。依据系统的观点，人居环境是由生态发展、经济发展和社会发展这三个子系统组成的复合系统，整体系统发展的可持续，必须建立在各个子系统可持续发展的基础之上。自然生态系统有多种要素，包括气候、大气、水、土地、植物、动物、地形以及各种环境资源等。由于自然生态系统包含了诸多不可再生的自然资源和不可逆的自然环境，因此自然系统的可持续发展主要意味着自然资源与自然环境在保护与利用之间的平衡。人是自然界的改造者和人类社会的创造者，按照马斯洛人类需求的分析，人类系统发展的可持续意味着人类在满足生理需求后，继而向满足安全需求、归属与爱的需求、尊重需求和自我实现的需求，实现递进持续的发展。

社会是人与人在相互交往和共同活动过程中形成的相互关系。社会系统发展的可持续意味着社会朝着社会关系融洽、人口质量好、社会文化丰富、经济迅速发展、社会福利丰富、公共管理和法制健全等方向发展。经济系统的发展是环境改善的保障基础，反过来经济的落后必然导致环境的无法改善，人民生活环境恶劣，人居环境的改善也有利于经济的发展。

其次，可持续发展的人居环境意味着三个子系统在相互作用的过程中，形成的一系列关系的有机发展。人居环境三个子系统并非是静止的、一成不变的，它们在发展的过程中逐渐形成了自然环境与人文环境、物质环境与精神环境、历史环境与现实环境、政治环境与经济环境等一系列既矛盾对立又相互统一的关系。人居环境的可持续，就意味着这些关系中的因子和谐发展。人文环境衍生于自然环境，而人文环境的发展也会带动自然环境的更新发展；物质环境的发展引起精神环境层面的进步，精神环境的进步反过来也促进物质环境的发展；历史环境的积累产生现实环境，现实环境的发展则会促进对历史环境的进一步研究；政治环境的发展指导经济环境的建设，而经济环境的建设也会带动政治环境的建设。总之，只有这些关系的有机互动、持续发展，才能促使人居环境子系统的可持续发展，进一步促进人居环境整体系统的可持续发展。

最后，人居环境可持续的关键就在于人类子系统与自然子系统的和谐发展。可持续人居环境实质上就是人地关系的协调发展。人居环境发展的过程中，一直是以人类子系统和自然子系统的作用为核心的。无论是原始社会的筑巢为居，还是现代社会人们为解决人居问题所尝试的种种努力，其实都是人类改造自然的过程。在这个过程中，社会系统、经济系统和生态环境系统也相应得到了衍生。自然界本身就是一个既庞大又复杂的系统，只有保持人类与这个系统的平衡，才能使得人类生存居住的这一载体持续发展。人地系统是人与其生活环境之间相互作用、相互依存而构成的一种复杂有机体，它包括自然、经济和社会三个子系统。人类因为居住在地球上，依赖于环境而生存，所以就产生了人地关系。因此，人居环境的可持续实际上就是要求人地关系要协调发展。

中国人早在几千年前就以不凡的智慧在自然与人的碰撞中感悟到天人合一的哲学思想。不同的学派间对类似思想的表述也不尽相同。儒家讲："天地与我并生，万物与我为一。"道家讲："道法自然，返璞归真。"它们的思想均强调人与社会、自然的和谐，两者差异只是在于儒家重人道，道家重天道。返璞归真的生活，活得才会有意思，生活才会同生命相和谐。以保护生态为中心的世界观表达的就是返璞归真的生活。这既是一种富有创造力和想象力的生活，也是一种同自然界、宇宙生命力量相联系的生活。"天人合一"，它既是一种宇宙观，也是一种道德观。树立起人居环境可持续发展的观念，就为今后的城市规划和建筑设计、人居环境的改善与创新指明了方向、明确了实现途径。树立起正确的、符合事物客观发展规律的指导思想非常重要，我们要敢于改革，善于创新，为人们创造出良好舒适的生活环境，使人民能安居乐业，幸福生活。

3　重庆人居可持续发展现状

3.1　重庆市简介

重庆，简称巴、渝，是四大中央直辖市之一，五大国家中心城市之一，国家历史文化名城，长江上游地区经济中心、金融中心和创新中心，政治、航运、文化、科技、教育、通信等中心。

重庆市位于中国西南部、长江上游，四川盆地东部丘陵山地区，与湖北、湖南、贵州、四川、陕西等省交界，总面积 8.24 万平方千米。重庆辖区主要分布在长江沿线，以丘陵、低山为主，平均海拔为 400 米。地势从南北两面向长江河谷倾斜，起伏较大，多呈现“一山一岭”“一山一槽二岭”的形貌。地质多为喀斯特地貌构造，因而溶洞、温泉、峡谷、关隘多。重庆属于中亚热带湿润季风气候，具有冬暖夏热、无霜期长、雨量充沛、温润多阴、雨热同季的特点。年平均温度 16～18 °C，年均降雨量 1 000～1 400 毫米，日照总时数 1 000～1 200 小时。重庆现共辖 40 个区、县（市），2013 年全市常住人口 2 970 万人，平均人口密度为 361 人每平方千米，其中城镇人口 1 732 万人，占常住人口的 58.3%。全市国民经济持续快速发展，2013 年国内生产总值（GDP）达 12 657 亿元，人均 GDP 为 42 752 元。重庆地处长江经济带的“龙尾”，三峡库区腹地，是进出中国大西南的水上门户，是长江经济带和西南地区承东启西、左传右递的区域性轴心，是连接东、中、西部的重要桥头堡和大走廊之一。面对设立直辖市、三峡库区开发建设、实施西部大开发战略的历史机遇和本身面临的生态环境恶化、经济发展落后等挑战，要真正实现重庆人居环境的可持续发展还有一定距离。

3.2　经济可持续发展现状

经济发展的目的就是为了发展生产、扩大生产规模，改善经济结构，提高生产效率，最终提高地区综合实力及人民生活水平。优越的经济条件对人居环境的改善无疑起了巨大作用，而落后的经济必然导致人居环境发展只停留在较低的水平。只有经济发展才能使人类摆脱贫困，为环境保护和人居环境建设提供资金和技术；只有居民的经济水平提高才能带来相应的生活设施的改善和生活品质的提高。因此，经济发展是人居环境可持续发展的根本前提。

3.2.1 经济总体水平可持续现状

1949 年新中国成立初期，重庆市国内生产总值仅 13.89 亿元，1978 年 GDP 全市国内生产总值为 67.32 亿元，1997 年全市国内生产总值达到 1 509 亿元，2012 年全市国内生产总值达到 11 409 亿元，是 1949 年全市国内生产总值的 820 倍，是 1997 年全市国内生产总值的 7.6 倍（图 3.1）。人均 GDP 从 1997 年 4 485 元上升到 2012 年的 38 914 元，经济发展迅速。但在经济发展中也存在经济发展不平衡的严峻事实：重庆市幅员 82 403 平方千米，从地理版图上看，可以把重庆分为一小时经济圈、渝东北翼和渝东南翼。“一小时经济圈”完成地区生产总值 8 864.78 亿元，比上年增长 13.4%，占全市生产总值的 77.4%；“渝东北翼”完成 1 960.96 亿元，增长 14.5%，占全市的 17.1%；“渝东南翼”完成 633.26 亿元，增长 13.2%，占全市的 5.5%（图 3.2）。圈翼人均 GDP 之比由上年 2.16∶1 缩小到 2.09∶1。城乡居民收入比由上年 3.12∶1 缩小到 3.11∶1。

总体来说，重庆经济总量呈增长趋势，区域经济发展极不平衡，渝东北生态涵养发展区和渝东南生态保护发展区土地、人口占的比例最大，而实现国内生产总值总量却是最小的。这种巨大的发展差距有持续甚至扩大的态势，这将加剧本来就已存在的区域内部发展不平衡的矛盾，要缩小两翼地区的发展差距，进一步做到经济的可持续发展。

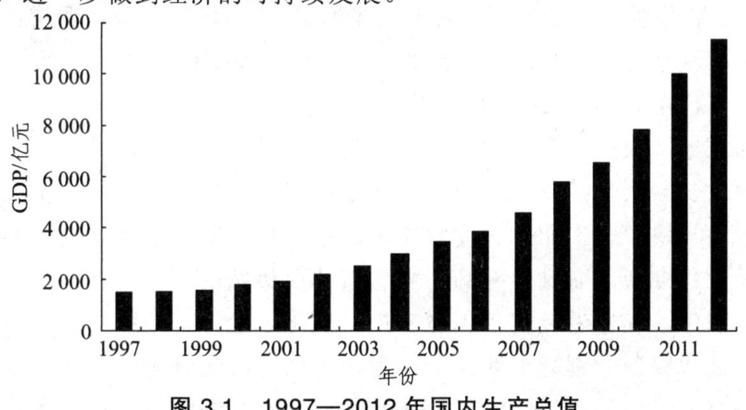

图 3.1 1997—2012 年国内生产总值

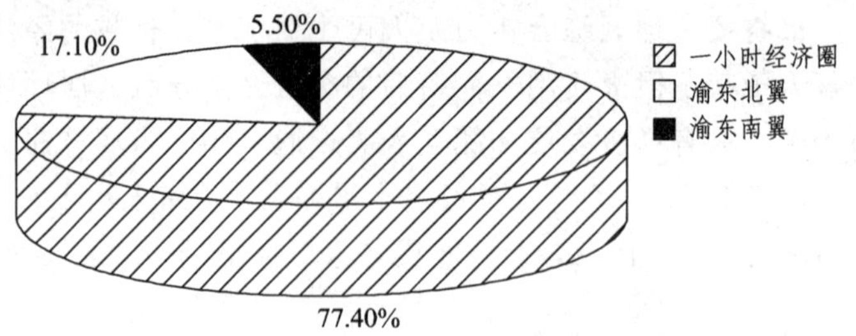

图 3.2 重庆市 GDP 各区比重（按“一圈两翼”分）

3.2.2 经济结构可持续现状

重庆 2012 年地区生产总值 11 459.00 亿元，比上年增长 13.6%。其中，第一产业增加值 940.01 亿元，增长 5.3%；第二产业增加值 6 172.33 亿元，增长 15.6%；第三产业增加值 4 346.66 亿元，增长 12.0%。三次产业结构比为 8.2：53.9：37.9。非公有制经济实现增加值 7 105.69 亿元，增长 15.1%，占全市经济的 62.3%（图 3.3、3.4）。

直辖以来第二产业产值占 GDP 比重由 1997 年的 39.7%上升到 2012 年的 52.4%；第三产业产值占 GDP 比重由 1997 年的 37.7%上升到 2013 年的 39.4%；与此同时，第一产业从业人员比重和产值占 GDP 比重则持续下降，由 1997 年的 20.3%下降到 2012 年的 8.2%。这表明产业结构在持续优化。但是重庆城乡“二元”经济结构突出：重庆是一个典型的城乡之间二元结构矛盾突出的地区，城市化滞后于工业化进程，农村有几百万过剩劳动力滞留于传统农业。重庆是一种“城域经济”与“县域经济”结合的二元经济。在城域经济板块中，二元结构突出表现在：存在着较发达的一座特大城市和相对发达的若干中小城市。根据杜平等著的《西部开发论》，重庆的城市可分为四类：一是非农业人口上百万的特大城市，二是非农业人口在 50 万～100 万的大城市，三是非农业人口在 20 万～50 万的中等城市，四是非农业人口在 20 万以下的小城市。城域经济板块中存在大量农村人口，大量农业从业人员，大量非正规部门从业人员，大量拥挤在旧城、旧房中的城市低收入阶层。在重庆的主城或城域经济板块中，工业化、非农化、城市化均是发育不充分的，不仅中小城市的发育程度低，而且仅有的特大城市的现代城市功能也是不强的。在县域经济板块中，存在着近代手工业、半机械化工业、传统服务业占主导，现代工业、现代服务业刚起步的建制镇和传统农业占优势的广大乡村。这种二元结构充分表明，不仅农业的工业化、市场化、产业化未能从总体上起步，而且就连已经初具小城市雏形的建制镇的工业化、城市化程度也是极低的，因为不仅现代工业、现代服务业在这些地方难觅踪影，而且就连现代农业在这些地方也很少见。

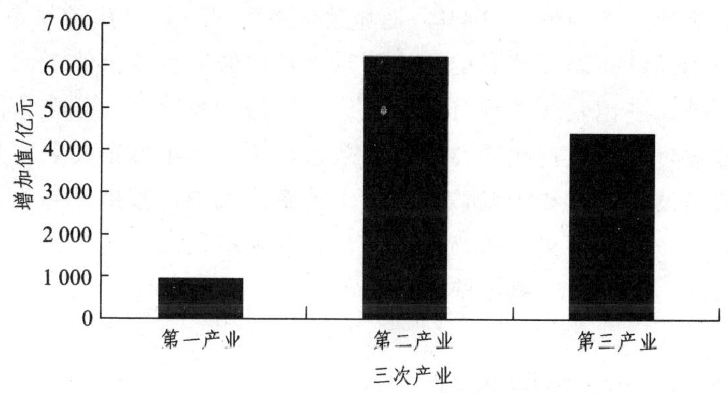

图 3.3 重庆市三次产业增加值

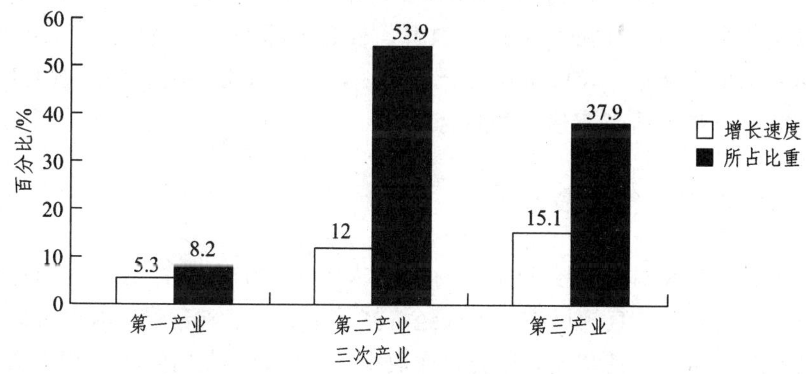

图 3.4 重庆市三次产业增长速度和占比

3.2.3 经济繁荣与经济集约发展可持续现状

重庆直辖为重庆经济带来了大发展，经济空前繁荣，外商投资、固定资产投资、进出口贸易在这十年里都稳步提升。2012 年实现社会消费品零售总额 3 961.19 亿元，比上年增长 16.0%，扣除价格因素，实际增长 14.2%；比 1997 年的 568.19 亿元增加了 7 倍。单位 GDP 能耗从 1997 年的 1.81 吨标准煤/万元降低到 2012 年的 0.886 吨标准煤/万元，这表明重庆经济在高速度发展的同时，单位 GDP 能耗在逐渐降低，经济集约性逐渐增强。但是重庆也是一个发展中的直辖市，农业人口总数多，城市化水平较低。对比西方发达国家、东南亚新兴工业化国家以及东南沿海发达地区，目前重庆市处在工业化中期，城市化虽然进入加速发展阶段，但仍处于初期，城市化水平还不高，城市化明显滞后于工业化进程。2012 年全市国内生产总值中，一、二、三产业增加值的比重分别为 8.2%、52.4%、39.4%，而城镇化率为 57%。重庆市城市化滞后，除了长期计划经济体制和特有的历史背景下形成的城乡分割的二元化社会经济结构原因外，乡镇企业布局分散也是一个原因。乡镇企业分布分散，规模小，重复建设，形不成规模效益和集聚效益，不利于小城镇发展，是制约乡村城镇化快速发展的主要因素，并导致土地资源浪费、基础设施投资大、环境污染严重等一系列后果。城市化的滞后，使城镇发展与工业发展难以形成良性互动关系，制约着城镇可持续发展。

3.3 社会可持续发展现状

在市场经济体制下，区域规划和城市规划、基础设施建设、财富的公平分配以及社会事业（住房、医疗、教育、社会保障等）的健康发展，以至最终提高人民生活质量、人口素质和社会文明，是区域可持续发展的重要保障，也是区域发展和人居环境追求的目标。

3.3.1 人口可持续发展现状

人是社会的主体，社会发展指标是以人为主体的指标，这与人居环境可持续发展密切相关。直辖以来，重庆经济持续发展，基础建设、城市规划等各方面都得到前所未有的优化，社会事业取得了新成就，人们的生产和生活方式有了显著的改善。同时，重庆的人口发展也呈现出良好的发展态势。直辖以来，全市常住人口规模稳定下降，下降速度呈逐步放慢的趋势；人口结构、人口素质等方面都得到进一步的改善，人口形势不断向好，为我市实现可持续发展和全面建设小康社会创造了良好的人口环境，为和谐社会的发展作出了铺垫。

1. 人口规模的变化

从历年常住人口数据看，1996—2004 年全市常住人口处于下降通道，但下降趋势逐年减缓，8 年间全市常住人口下降了 81.98 万人，年均下降 0.4%。由于重庆市典型的二元经济结构和相对落后的经济状况，在市场经济全面推进的过程中，重庆市的人口大量外出，重庆成为了全国的净外出人口省份，由此形成了全市常住人口规模持续下降的特点。直辖后，重庆社会经济快速发展，经济总量不断增大，投资迅速增长，经济结构进一步优化，城市的聚集力和辐射能力增强，开始创造更多的就业岗位，形成较好的就业环境，重庆外出人口的增长速度随之减缓，市外外来人口不断增加，从而导致全市常住人口开始进入上升通道。从 2005 年开始，全市常住人口首次出现了近十年来的小幅回升，2006 年继续保持增长态势，2005 年和 2006 年全市常住人口分别增长 0.2%和 0.4%，到 2013 年全市常住人口 2 945 万人，比上年增加 26 万人。常住人口的上升态势反映了在重庆经济快速发展的同时，城市的人口承载力得到提升，为和谐重庆的构建奠定了基础。

2. 人口的年龄结构变化

重庆市 1997—2006 年人口年龄结构总的变化趋势是：少儿人口比重下降，老年人口比重有所上升，劳动力资源人口维持在一个相当充裕的阶段。

（1）少儿人口规模缩小，占总人口的比重持续下降。2013 年重庆市人口出生率为 11.02‰，比上年下降 1.42 个千分点；人口自然增长率 3.88‰，比上年下降 2.66 个千分点。由于出生人口的减少，2012 年全市 0～14 岁少儿人口为 490.93 万，占全市人口的比重降至 16.7%，与上年相比，比重下降 0.22 个百分点。

（2）15～64 岁人口规模保持稳定。从 1997 年以来，全市 15～64 岁的人口比重基本保持在 68%左右。2012 年全市 15～64 岁人口占 71.75%，与上年相比，比重上升 0.21 个百分点。由于重庆市的青壮年劳动力人口大量外出，使得该年龄段人口比例低于全国平均水平，但重庆市的劳动力资源绝对量仍然处于最为丰富的时期。

（3）老年人口比重不断上扬。2012 年重庆市 65 岁及以上老年人口比重上升到 11.58%，与上年相比，比重上升 0.01 个百分点。不难看出，重庆市老年人口比重呈上升趋势且加快的态势。

3.3.2 居住条件改善和基础设施可持续现状

1. 居住条件改善

直辖以来，重庆的居住环境大大改善，越来越多的市民从拥挤的职工宿舍、大杂院中“解放”出来，住进形式多样的花园式小区。1996 年，重庆房地产开发投资金额仅有 55 亿元，2006 年全市房地产开发投资达到 629.53 亿元；2012 年，重庆房地产市场在继续严控和“国五条”政策的影响下，开发投资保持了较快稳定的发展态势。2012 年完成开发投资 3 012.78 亿元，同比增长 20.1%，高于全市投资增速 0.6 个百分点。2012 年重庆市商品房销售面积 4 522.40 万平方米，下降 0.2%。房地产开发投资规模占同期全社会固定资产投资比例，由 1996 年的 17.4%增加到 2012 年的 26.9%。重庆居民平均居住面积由直辖之初的 7.5 平方米增加到 2012 年的 30 平方米。

2. 基础设施建设

重庆地处大巴山脉和武陵山脉之间，由于交通历史欠账多、建设成本高等原因，交通一直是制约其经济发展的瓶颈。根据统计资料显示：2013 年重庆市以能源、交通、邮电通信、水利、环境、城市基础设施为主体的基础设施建设项目投资逐月走强，至 12 月全市基础设施完成投资 2 962.10 亿元，同比增长 23.2%。基础设施投资对全市投资的贡献率为 30.6%，拉动全市投资增长 5.9 个百分点。目前，重庆“二环八射”项目已基本建成，2012 年重庆市的 7 条铁路和 21 条高速公路同时在建，建设力度空前。铁路建设在渝利铁路、重庆至万州铁路、重庆至贵阳铁路、成渝铁路、兰渝铁路等项目投资的带动下完成投资 253.72 亿元，增长 121.1%。高速公路建设在三环高速永川至江津、成渝复线、沿江高速主城至涪陵、奉节至巫溪、涪陵至丰都等高速公路项目推动下完成投资 220.99 亿元，增长 32.8%。

2012 年年底高速公路通车里程将达到 2 312 公里；累计投入 78 亿元用于水运建设，强化了重庆作为长江上游航道中心的作用。目前，重庆的货物吞吐量占到了整个长江上游地区的 90%以上，长江黄金水道功能日益突出。通信覆盖全面大发展，通信条件明显改善，公用信息网综合通信能力显著增强，基本实现由模拟技术向数字技术，电话、电视网向信息网，窄宽带向宽带网，单一网向综合网、智能网转变。全市电话普及率达到 100%，全部行政村实现通电话，建立了国内第一个省级互联网交换中心，基本实现乡乡通宽带，邮政服务能力显著提高。

城市基础设施水平直接影响着城市人居环境的可持续发展。良好的城市基础设施对保护和改善城市居民的生活环境，促进经济社会的可持续发展都可以发挥积极的作用，产生良好的社会效益和环境效益。虽然近几年大力加强了城市的基础设施建设，由于历史欠账过多，城市建设投资长期不足，城市基础设施特别是环境基础设施相对薄弱，突出表现在交通、污水处理、固体垃圾无害化处理等市政公用设施的严重不足。2012 年重庆生活污水集中处理率达到 80%。随着城市化进程的加快，城市快速发展与基础设施建设相对滞后的矛盾将更加突出。

3.3.3 生活、教育、医疗卫生及社会保障可持续发展状况

1. 生活水平提高可持续状况

随着重庆经济的不断快速发展，重庆人民的生活质量也在不断改善。2012年人民币个人储蓄存款余额 8 361.64 亿元，增长 19.6%。城镇居民人均家庭总收入 24 811 元，比上年增长 13.8%，其中人均可支配收入 22 968 元，增长 13.4%。城镇居民恩格尔系数 41.5%，比上年上升 2.4 个百分点。全年农村居民人均纯收入 7 383.27 元，比上年增长 13.9%。农村居民恩格尔系数 44.2%，比上年下降 2.6 个百分点。农村居民人均住房面积 41.0 平方米，比上年增加 0.8 平方米。重庆人民生活水平逐年提高。

2. 教育可持续发展状况

直辖以来，重庆坚持“科教兴渝”政策，大力发展教育，教育事业取得了长足进步。

（1）人口平均受教育年限上升。随着重庆教育投入力度的不断加大和一系列教育政策的实施，使重庆人口的受教育程度得到较大的提升。经计算，2012 年重庆市 6 岁以上人口的平均受教育年限为 9 年，比 1997 年的 6.6 年，增加了 2.4 年。

（2）居民文化程度大幅度提高。通过重庆第五次人口普查（2000 年）和第六次人口普查（2010 年）对比分析可以看出，每十万人拥有教育受教育程度人数（初中以上）显著增加。2000 年全市每十万人拥有教育受教育程度人数（初中）为 27 190 人，2010 年为 33 441 人，增加了 6 251 人。2010 年每十万人拥有教育受教育程度人数（高中和中专）为 13 223 人，与 2000 年相比增加了 4 408 人。2010 年每十万人拥有教育受教育程度人数（大专及以上）为 8 478 人，与 2000 年相比增加了 5 324 人。显然接受初中教育人口增长最快，反映了直辖十年全市积极开展的普及九年义务教育成效，显示了重庆市在大力发展教育和提高人口文化素质方面取得的丰硕成果。

（3）高等教育发展迅速。在 1998 年高校扩招开始，重庆高校发展步入了一个快速上升时期。1997 年高等学校在校生人数只有 8.06 万，到 2012 年已经达到 48.5 万人。众多受过高等教育的学生是今后重庆经济发展的重要人力资源。

3. 医疗卫生和社会保障可持续发展状况

统计资料显示：2001 年重庆医疗卫生机构数、卫生技术人员分别为 4 151

个和 86 430 人，全市卫生资源有所增加，特别是加大了基层医疗卫生资源的投入。2012 年年末，重庆市医疗卫生机构总数达 17 961 个，增加了 301 个，其中，基层医疗卫生机构数增幅最大，增加了 263 个。全市床位数与 2011 年比较，增加了 15 186 张，其中，基层医疗卫生机构的床位数增加了 3 911 张，民营医院的增长幅度较大，与 2011 年相比，增加了 34.24%。按照“一圈两翼”一小时经济圈、渝东北和渝东南划分，到医疗卫生机构就诊的人均诊疗次数分别为 1.8 人次、0.8 人次和 0.5 人次。病床使用率分别为 92.55%、94.05%和 79.04%，渝东南均为最低。病床周转次数以渝东北最低，为 30.98 次。渝东南的卫生资源配置和卫生服务利用均较差。

此外由于经济发展水平不高，社会保障水平也不高，社会保障占财政支出的比重从 1997 年的 2.10%上升到 2012 年的 11.2%，虽然投入年年加大，但仍有许多下岗和退休职工生活困难。特别是在重庆被确定为城乡统筹综合实验区后，大量进城农民的社会保障是一个很大的问题。

3.4 环境可持续发展现状

近年来，随着对环境工作的重视以及投入的逐年加大，重庆环境建设取得了令人瞩目的成就，环境质量状况有了较大改善。但是，不可否认，目前环境质量状况依然不能令人乐观，空气质量差、水质污染、绿化水平低、农村环境质量差等问题依然比较严重。保护三峡库区水环境和进一步改善主城区大气环境质量仍将是长期而艰巨的任务。

3.4.1 环境污染控制可持续现状

1. “三废”排放与处理

直辖以来，重庆市的工业废气、废水和固体废物排放量基本都呈上升趋势。2012 年，工业废气的排放量为 8 359.88 亿立方米，其中二氧化硫的排放量为 50.98 万吨，工业烟尘的排放量为 16.61 万吨，是全国空气污染较重的城市之一。2012 年重庆废水排放总量 13.23 亿吨，其中工业废水 3.06 亿吨，生活污水排放量 10.17 亿吨。工业固体废物、城市垃圾产生量增长趋势突出。2012 年，重庆市工业固体废物产生量为 3 164 万吨，较上年减少 5.4%，综合利用量占产生量的 81.56%。截至 2011 年，重庆市已投资约 45 亿元，建成城镇生活垃圾处理场（厂）50 个，日处理能力达到 13 200 吨，覆盖了县城以上城区和部分重点建制镇。2011 年，全市无害化处理生活垃圾 473 万吨，城镇生活垃圾无害化处理率达到 81%。

2. 空气质量改善状况

自创建国家环保模范城市工作开展以来，重庆市采取了一系列卓有成效的大气污染治理和防控措施，主城区空气质量持续稳步改善。主城区空气质量优良天数逐年上升，从 2000 年的 187 天上升至 2012 年的 340 天，比例为 92.9%。空气中主要污染物可吸入颗粒物、二氧化硫、二氧化氮浓度大幅下降，年均浓度均达到国家环境空气质量二级标准，分别为 0.090 毫克/立方米、0.037 毫克/立方米和 0.035 毫克/立方米，各区县（自治县）、经开区中环境空气质量达到国家二级标准的有 40 个，比 2011 年增加 4 个。从 2006 年起，主城区空气综合污染指数小于 3.0（空气综合污染指数 4.0 以上为中度污染，4.0 以下为轻度污染），退出了全国重污染城市行列；主城区雾天从直辖前的 124 天降至 47 天左右，摘掉了“雾都”的帽子。

3. 城市噪声控制

社会生活噪声是城市噪声的主要声源，建筑施工噪声扰民较为突出。主城区 2009—2012 年区域环境噪声平均值由 54.2 分贝下降至 54 分贝，已达到国家环保模范城市考核指标区域环境噪声平均值≤60 分贝的要求，网格噪声达标率为 94.1%，道路交通噪声平均等效声级为 67.2 分贝。郊区县（自治县）、经开区区域环境噪声平均等效声级为 53.2 分贝，网格噪声达标率为 94.9%，道路交通噪声平均等效声级为 66 分贝。2012 年重庆 12369 环保投诉受理中心接到的主城区噪声污染投诉量比 2011 年同期下降 8.1%。

4. 河流水质状况

虽然受三峡工程截流影响，库区水质有一定影响，但同时也加大了治理的力度。2012 年，长江、嘉陵江、乌江重庆段水质保持稳定。按 21 项指标评价，“三江”重庆段 24 个断面中，水质为Ⅱ类、Ⅲ类、Ⅴ类和劣Ⅴ类的分别有 4 个、15 个、1 个和 4 个，分别占 16.7%、62.5%、4.1%和 16.7%；水质满足Ⅲ类的断面比例为 79.2%，与 2011 年持平。长江 15 个断面水质均为Ⅲ类，嘉陵江 4 个断面水质均为Ⅱ类，总体水质状况为优；乌江 5 个断面水质为Ⅴ～劣Ⅴ类（主要原因是乌江贵州入渝万木断面总磷负荷高，导致乌江总磷 1 项指标超标）。次级河流总体水质良好。按 21 项指标评价，73 条次级河流 131 个断面中，水质满足Ⅲ类和满足水域功能要求的断面比例分别为 85.5%和 93.9%。与 2011 年相比，水质满足Ⅲ类和满足水域功能要求的断面比例分别上升 6.0 个和 7.5 个百分点。全市集中式饮用水源地水质良好。53 个城市集中式饮用水源地水质达标率为 100%；990 个乡镇集中式饮用水源地水质主要指标基本达到要求。

3.4.2 生态环境建设与保护可持续现状

直辖以来，重庆投入农林水生态建设、三峡库区周边绿化带建设、水环境治理、地质灾害治理、大气污染治理和环保基础设施建设等生态环境建设的项目逐年增长。直辖之初的 1997 年，重庆市投入生态环境建设的财政资金在 12 亿元左右，而 2012 年全市投入生态环境建设的财政资金达到 232.4 亿元，巨大的财政资金投入有效改善了全市生态环境。“十二五”期间，随着财政投入的不断加大，重庆市相继实施了水土流失综合治理、退耕还林、天然林保护、农村环境保护、地质灾害治理等一系列保护和改善生态环境的重大举措。2012 年度累计治理水土流失面积 345 平方公里，完成投资 19 655 万元，水土流失预防监督工作成效显著，建成自然保护区 58 个、森林公园 73 个、风景名胜区 36 个。园林绿地面积由 1997 年的 9 432 公顷提高到 2012 年的 58 354 公顷，人均公共绿地面积也由 1997 年的 0.82 平方米上升到 2012 年的 17.41 平方米。自然保护区面积由刚直辖时的 15.03 万公顷提高到 2012 年的 89 万公顷。直辖以来，重庆的生态环境建设和保护都取得了很大进步。

综上所述，重庆人居环境是在政府和社会的共同努力下不断改善的，但也存在着一些问题：大气及水环境状况仍不容乐观，生活污水集中处理、生活垃圾无害化处理和危险废物处置能力严重不足，特别是农村生态环境差；经济结构不太合理，特别是第一产业和第三产业发展缓慢，经济总体发展水平不是很高；城市基础设施建设特别是环境基础设施建设不足，社会保障和医疗卫生状况还需要更大的改善。

4 重庆人居环境可持续发展指标体系

4.1 可持续发展指标体系国内外研究现状

4.1.1 可持续发展指标体系概述

可持续发展的理论与实践是当今世界关注的焦点之一。随着其理论体系的不断完善，人们更多地将注意力集中到可持续发展的操作上来。如何科学地度量可持续发展的水平与进程成为亟待解决的问题。《21 世纪议程》中指出："必须制定出可持续发展指标，以便为各级决策提供坚实的基础，并促进环境与发展体系一体化能自我调节的可持续能力。" 20 世纪 90 年代初，各国、各国际组织、各研究机构，从不同的角度、不同的国情出发，展开了对可持续发展指标体系广泛的研究。

1. 反映经济增长与社会进步的发展指标

对可持续发展度量的研究有其历史背景和发展过程，经历了从单纯的经济增长度量、社会发展度量到可持续发展度量的演变过程。

早先直接用国民生产总值等经济增长指标来度量发展水平，但把经济增长指标作为发展指标有明显的缺陷。其不足的根本是不能反映收入分配状况对福利的影响，也不能反映资源环境的变化情况。学界关于发展的含义有不同的理解并经历了一个发展过程。一种观点主张用人的基本需求的满足来定义发展，用相应的商品占有量来度量社会发展水平，如人均粮食消费量、人均肉食品消费量、人均能源消费量等。另一种观点认为人的选择机会和能力比商品占有量更为重要，因而更看重人的受教育水平等指标。最新的观点则是可持续发展观点，在原有的发展度量标准上，还要加上可持续性的要求。

一般认为社会指标的研究开始于美国，以 Raymond R. Bauer 编辑的《社会指标》为标志。经济合作与发展组织和联合国统计机构在 20 世纪 70 年代初也开始重视社会指标对发展的指示作用。1978 年联合国发布了第一个关于社会指标的一般准则，即《社会指标：初步的准则和实例说明》，详细阐述了度量生活水平和影响生活水平的各种经济、社会因素的社会指标概念。1979 年联合国发布了组织社会指标体系的框架，即 FSDS。在该框架中，社会指标分成 12 个领域，分别为人口、家庭的形成和家庭居民户、学习及教育事业、有收益活动及无收益活动、收入分配，消费和积累、社会保障和福利事业、卫生保健及营养、住房及环境、公共秩序及安全、时间的利用、闲暇和文化、社会阶层和流动情况。

与此同时，联合国社会发展研究所（UNRISD）在关于发展的度量方面做了大量的工作，在 20 世纪 60 年代建立了生活水平指数，在 70 年代提出了基于婴儿死亡率、预期寿命、识字率、入学率、电话普及率、人均表面钢铁消费量、人均表面能源消费量、每一男性农业工人的平均农业产值、人均国民生产总值（这前面 9 项必选）、自来水普及率、专业技术人员占总经济活动人口的百分比等十几项指标的加权平均的百分制作为发展指数。

联合国开发计划署于 1992 年建立了包含人均收入（按购买力评价 PPP 计算）、预期寿命和生育、教育等的人类发展指数（HDI）。除了以上用较少的指标项（一般 20 项以下）构造综合的发展指数之外，度量社会发展水平的另一种方法是尽可能全地选取各方面的指标组成体系，用指标体系来综合衡量发展水平。

显然，随着可持续发展概念的提出，过去的经济发展和社会发展指标逐渐加进了度量可持续性的内容。目前有一些可持续发展指标或指标体系就是从原来的社会发展指标发展而来的。

2. 基于生态-环境观点的可持续发展指标

可持续性的概念较早来自生态学和环境科学，至今为止很多生态环境学者仍把可持续发展限定为生态的或环境的可持续发展。生态、环境学家对特定的生态系统或环境要素所确定的可持续性指标有较明确的物理背景，而且可以有统一的定义模式，那就是所评价的对象的压力-状态-响应指标与参照标准的对比模式。这种模式较早由经济合作与发展组织（OECD）提出，例如，对土地利用而言，可以根据酸雨强度（压力）、土壤酸化程度（状态）与相应的能够允许的酸雨强度和土壤酸度的参照标准对比，评价土地利用的可持续程度。参照标准需根据具体的生态系统或环境因子的物理特性来确定，它实际上反映了可持续性的物理背景。这种确定可持续性指标的模式较适合于空间尺度较小的微观领域，或者是空间尺度虽大但与空间位置关系不大的一些较单纯的问题，如大气中的温室气体含量、全球海平面变化等问题，但对空间差异较大、因素较多的大尺度综合评价则困难较大。

3. 以资源、环境核算为前提的可持续发展指标

微观领域的生态、环境可持续性指标有较具体明确的物理背景和客观标准，但宏观的可持续发展指标比较综合和抽象。为了反映可持续性，必须在综合发展指标中反映生态、环境的内容。目前有两种类型：

（1）净财富流量指标：对 GNP 等的修正指标。这方面代表性的指标是绿色 GNP 指标。其思路是就资源、环境对原 GNP 指标（也包括 GNP 和国民收入等经济指标）进行修正。基本做法是从原 GNP 指标中减去对资源环境的消耗。世界资源研究所（WRI）曾把这种方法用于印度尼西亚、哥斯达黎加等国家的实证研究。Daly、Engelbert 等提出的可持续发展经济福利指标也是考虑资源、环境因素的财富流量指标。

（2）财富存量指标：国民财富指数。财富存量指标实际上是一种更彻底的经济化指标，主张用总的资本存量指标来度量可持续发展。它认为除了人造经济资本之外，人力资源也是资本，自然资源也是资本，并且可统一按经济价值进行量化，社会发展的可持续性标准就是全部各种资本之和不随时间减少（称为 Hartwick 准则）。Pearce 和 Atkinson 据此对 18 个国家进行了计算和评价。世界银行 1995 年提出的国民财富指数是典型的财富存量指标，认为财富存量比收入更重要，他们曾计算了世界 192 个国家和地区的总财富存量（包括人造资本、人力资本和自然资本），并且还在对国民财富指数进行修正和完善。

4. 可持续发展指标体系

显然，不论是社会发展指标、经济核算指标还是生态指标，单独作为可持续发展指标都有一些缺陷。例如财富流量和存量指标都只是弱可持续性指标，因为它隐含着人力资本、自然资本和人造资本之间可以完全相互替代的假定。建立可持续发展指标体系的思路，不单纯谋求将量纲不同的人口、经济、资源、环境等方面的指标转化成货币之类量纲相同的指标，而是在不同的方面分别用不同的指标来衡量其可持续性，当对整个系统进行总体综合评价时，采用对指标进行无量纲指数化处理并逐级加权平均的方法得出综合指数。

4.1.2 可持续发展指标体系的重要性与作用

1. 建立可持续发展指标体系的重要性

（1）通过建立可持续发展指标体系，构建评估信息系统，对某一区域的可持续发展状况进行评估，为管理决策者提供依据。

（2）通过定量评估某一区域可持续发展总体水平，监测和揭示该地区经济、社会发展过程中的社会矛盾、社会问题，并分析矛盾和问题产生的原因，及时提供给当地管理部门，以便采取对策，促进本地区的可持续发展。

（3）利用指标体系引导当地政府贯彻可持续发展思想，督促、引导完成其自身的发展规划和可持续发展的基本目标。

（4）进行国际间、地区间、部门间可持续发展水平的评价与比较，从比较中找差距和薄弱环节，并分析落后的原因。

（5）进行本地区发展走向与发展趋势的分析，利用预测手段制定本地区可持续发展战略和规划，以进行有效的宏观管理。

2. 可持续发展指标体系的意义与作用

可持续发展指标体系是为了反映可持续发展的状况，由一系列相互联系、相互制约的指标所构成的一个有机体系。它具有以下意义与作用：

（1）可持续发展指标体系为实施可持续发展战略提供信息。尽管目前已有大量的社会、经济、环境、资源等方面的数据信息，但当人们进行可持续发展研究时，仍感到缺乏许多必要信息，尤其是制约、影响可持续发展各因素间关系的综合信息。指标体系的一个重要作用就是将相关的信息综合起来，一目了然地反映出一个国家（地区）的可持续发展状况，帮助人们监督和实施可持续发展的进程。

（2）制定指标体系是可持续发展能力的组成部分之一。如前所述，可持续发展思想是对人们原有习惯、行为模式的一种辩证否定，它的实施，必然需要有一定的强制性。这种压力来自于政府、法律等方面。因此，可持续发展能力除了上面提到的社会、经济、生态环境三方面的能力以外，还包括了宏观调控能力。各种调控手段，如政策、法令，制定需要指标体系提供的数据信息。

4.1.3 国外可持续发展指标体系介绍及评述

近年来，可持续发展指标体系的研究一直受到广泛关注。各国政府、各国际组织从不同国情，不同角度出发，相继展开了可持续发展指标体系的研究，提出了不同类型的指标体系。

1. 联合国可持续发展指标体系

联合国可持续发展委员会提出的指标设计方法表的格式包括：① 指标，包括指标名称、简要定义、计量单位；② 指标在框架中的位置，包括指标在《21 世纪议程》中的章节与指标的类型；③ 指标的意义（政策关联性），包括指标的目的，指标反映的现象同可持续发展的关联程度，本指标与其他指标的关联性，本指标是否有国际目标，与国际会议、协议是否有联系；④ 指标及其基本定义在方法上的描述，包括实用性的描述、度量方法、指标的局限性、该指标另外可选择的定义及定义变化所产生的可能后果；⑤ 可持续发展指标数据可获得程度的评估，包括需要搜集什么数据，这些数据是否可以获得，从什么渠道获得数据；⑥ 参与指标的开发机构；⑦ 进一步的信息。

联合国可持续发展委员会提出的可持续发展指标从大的方面由社会、经济、环境及制度四大部分构成，每一部分又包括联合国《21 世纪议程》中的若干章，具体指标如下：

（1）社会领域。社会领域包括：就业率、女性与男性平均工资的比率、贫困度；人口增长率、净迁移率、人口密度、人口出生率；学龄人口增长率、初等学校在校生比率、中等学校在校生比率、成人识字率、五年级在校生占其入学人数的百分比、预期学龄、男性和女性入学率的差异、教育投资占 GDP 的百分比；女性劳动力占男性劳动力的百分比；拥有适当地下管道设备人口占总人口的百分比、可安全饮水的人口占总人口的百分比；预期寿命、正常体重出生婴儿的百分比、婴儿死亡率、产妇死亡率、年龄/体重或年龄/身高达国家标准的儿童百分比、患痉疾的死亡率、总人口吸烟率、免疫接种人数占按国家免疫政策应进行免疫接种人数的百分比、实行计划生育的妇女占育龄妇女的百分比、避孕普及率、对食物中潜在有害化学物品进行监测的比率、国家医疗卫生支出用于地方保健的百分比、医疗卫生支出额占 GDP 的百分比；城镇人口增长率、人均消费的运输燃料、大城市数量和城镇人口百分比、非正式住宅地区的面积和人口、因自然灾害造成的人口和经济损失、人均居住面积、住宅价格与收入的比率、上下班占用时间、人均基础设施支出额、住宅贷款。

（2）经济领域。经济领域包括：实际人均 GDP 增长率、人均 GDP、制造业增加值在 GDP 中的份额、GDP 用于投资的份额、人均 GDP/用环境因素调整后的增加值、出口比重、参与区域性贸易协定、进出口总额占 GDP 的百分比；矿藏储量的消耗、年人均能源消费量、已探明矿产资源量、已探明能源资源储量、制造业增加值中自然资源密集型工业增加值的份额、制造业商品出口额比重、原材料使用强度、再生能源的消费量与非再生能源消费量的比率；资源转移净值/GNP［Gross National Product，即国民生产总值。它是最重要的宏观经济指标，指一个国家（地区）所有常驻机构单位在一定时期内（年或季）收入初次分配的最终成果。它是一国所拥有的生产要素所生产的最终产品价值，是一个国民概念］、无偿给予或接受的 ODA［Official Development Assistance，即官方发展援助。它是指发达国家官方机构（包括中央、地方政府及其执行机构）为促进发展中国家的经济发展水平和福利水平的提高向发展中国家或多边机构提供的赠款，或赠与成分不低于 25%的优惠贷款］总额占 GNP 的百分比、债务额/GNP、债务支出/出口额、环保支出占 GDP 的百分比、（环境）税收和津贴占政府收入的百分比、自 1992 年新增或追加的可持续发展资金总额、环境经济综合核算的规划、债务免除、技术转让。

（3）环境领域。环境领域包括：每年减少的地下水和地表水占可利用水资源的百分比、国内人均水消费量、地下水储量、淡水中的杂质浓度、水中的 BOD 和 COD 含量、污水处理量、水文测定网密度；沿海地区人口增长率、排入海域的石油、排入海域的氮和磷、最大可持续产出与实际平均产出的比率、各种海洋生物存量与最大可持续产量偏差率、海藻指数、参与海洋业（或渔业）方面的公约和协定；土地利用的变化、土地条件的变化、分散型地区自然资源管理；干旱地区贫困线以下人口比重、全国降雨量指数、卫星获取的植被指数、受荒漠化影响的土地；山区人口动态、山区自然资源条件及可持续利用的评估、山区人口的福利；农药使用、化肥使用、人均可耗地面积、灌溉地占可耕地的百分比、受盐碱和洪涝灾害影响的土地面积、农业教育、农业的扩展、农业研究强度、农户的能源、农业的能源使用量、农业的能源；森林面积（天然森林面积+人造林面积）、森林管理面积的比重、木材砍伐密度、森林保护面积占总森林面积的百分比；濒危物种占本国全部物种的百分比、陆地保护面积占全部陆地面积的百分比；生物技术领域的研究与发展的支出、生物技术领域的研究与发展人员、国家生物保护的规章和准则（有、无）；温室气体排放量、氧化硫排放量、氧化氮排放量、耗损臭氧层物质的生产和消费、城镇地区的二氧化硫、一氧化碳、二氧化碳、臭氧和悬浮颗粒物的浓度、用于减少空气污染的支出额；工业区和市政区废物的生成量、人均垃圾处理量、垃圾搜集和处理的支出、废弃物再生利用率、市区垃圾处理量、每单位 GDP 的垃圾减少量；化学品导致的意外严重中毒事件、禁止使用的化学品数量；有害物质生成量、有害废物进出口量、有害废物污染的土地面积、处理有害废弃物的支出额；放射性废物的产生量。

（4）制度领域。制度领域包括：每百万人中的科学家和工程师数量、每百万人中从事研究与发展的科学家和工程师数量、研究和发展费用占 GDP 的百分比；国家环境统计规划、可持续发展战略、国家可持续发展委员会、每百户居民拥有电话、容易得到的信息印刷和散发的报纸的数量和种类、颁布对环境影响和评价、国际协议的批准、通过国家立法对国际协议的执行；国家可持续发展委员会中的地方代表、常用知识和信息的数据库；国家可持续发展委员会中主要团体的代表、参加《21 世纪议程》各项活动的主要团体的贡献和作用。

联合国可持续发展委员会提出的指标体系具有以下主要特点：① 紧扣《21 世纪议程》内容；② 每一关键领域的指标基本上分为压力、状态、反应三类指标；③ 相对指标为主，绝对指标为辅；④ 各章指标多少悬殊，多的达十几个，少的只有三四个；⑤ 有的指标为判断指标，只需被调查者回答有或无、是或非；⑥ 不是一个定型的指标，而是一个需要不断完善的指标体系；⑦ 适用于衡量全球、大洲的可持续发展，而不能针对某一局部区域。

2. 世界银行的可持续发展指标体系

长时期以来，世界银行采用人均 GDP 来衡量一个国家的发展水平和富裕程度，体现了传统的发展观用经济增长作为衡量发展的唯一指标。1992 年联合国环境与发展大会确立了新的可持续发展的发展观，追求社会、经济、环境三者协调发展的目标。世界银行根据可持续发展的概念，大胆设计并开发了新国家财富指标用以评价一个国家或地区的可持续发展的状况。

世界银行的研究首先从可持续发展的概念入手，“可持续发展是既满足当代人的需求，又不损害子孙后代满足其需求能力的发展”。可持续发展包含经济可持续性、生态可持续性、社会可持续性。其核心思想是经济的持续增长要建立在生态可持续、社会可持续能力的基础之上。经济发展的可持续体现在经济持续增长、有效地利用资源和投资。生态可持续性是指生态系统完整、保护环境和自然资源承载力。社会可持续性是指社会公平、社会凝聚力、社会参与。有的经济学家认为，可持续性可以简单地理解为福利，而资产存量又是福利的支柱。世界银行的研究根据这一思路提出，用“资本”或“财富”存量来衡量可持续发展，将可持续发展的经济目标、社会目标、生态目标作

为资本或财富的三种不同的形式，再加上人力资本，共有四种财富的基本类型。可持续发展可以理解为留给后代的资本或财富总量至少应该是同样多。采用人均资本作为衡量指标，可持续发展表明人均资本存量日益增长。

世界银行的研究成果把财富扩展到生产资本、自然资本、人力资源、社会资本四个部分，共同构成了人类发展的基本条件。世界银行规范了四种财富的定义、包括范围及其估算方法。首先让我们来看看新国家财富四种类型的基本定义及范围。

生产资本又称产品资本或人造资本，是国家经济计划、规划中的重要变量，是人类过去生产活动积累起来的财富，是指以机器、厂房、基础设施（公路、铁路、自来水系统、输油管道等）为形式体现的价值，它是物质财富直接体现，是经济活动的主要成果。可持续发展要求在不过度消耗自然资源和破坏环境的前提下追求最大的经济产出。

自然资本又称自然资源、天然资源，指大自然所赋予人类的财富，包括农业用地、牧场、森林（木材和非木材的利益）、保护区、金属和矿产、煤、石油和天然气等。这些资产为生产和生活提供了有用的产品和服务。自然资源是人类生存和发展的基础。

人力资本又称人力资源，指人们对自身教育、健康和营养的投资。人力资源包括对教育和初级劳动力的收益。人是一切活动的主体，人的资源性，是指人类为自己创造福利的能力。最近几十年来，人们已逐渐认识到人力资源的重要性，以及对人的投资所具有的高回报率。

社会资本是指参与社会经济活动的个人之间存在着相互影响的关系，可以通过一定的组织形式组织起来，成为决定经济和社会发展的重要因素。社会资本是将生产资本、自然资本和人力资源结合起来的“介质”。目前对社会资本还没有一个统一的定义。在社会科学文献中，社会资本是指一系列的规范、网络和组织。社会资本最狭义的概念是把社会资本看作人与人之间的一系列“水平性的联合”，即社会资本由社会网络（公众参与的网络）和一系列规范所构成。社会资本的关键特性是促进联合成员为共同的利益而进行协调与合作。社会资本较为广义的定义是把社会资本的概念扩大到了包括垂直性联合在内，既包括平行的关系，也包括垂直的关系，还包括了正规的制度关系和结构，如政府、政治制度、法制规范、司法系统以及公民的政治自由等。

新国家财富指标中四种财富的估算方法为：

（1）生产资本的估算。关于生产资本的估算，世界银行的生产力要素研究所采用永续盘存模型为基础进行估算。通过计算净积累量（期初资本存量加上本期国内总投资，减去折旧）而求得，也就是累计每年固定资产投资额，然后根据不同资产的使用年限（房屋及建筑物为35年、机器设备和运输设备为15年）扣除以往生产资产的折旧。估算机器和设备的价值所使用的价格是传统的国家账户中的未经调整的名义价格。建筑及房屋的价值估算是按购买力平价（PPP）汇率计算的。城市用地的价值按建筑和其他构筑物价值的固定比例来计算，加拿大统计局1985年的计算表明，城市用地的价值大约是各种构筑物的存量的33%，现行计算中都采用这一比值计算。估算存量财富，绝大多数是以现值的流量为基础来计算的，因此选择贴现率（或者称折扣率）十分重要。适应可持续发展的需要，通常选用的是社会贴现率而不是私人贴现率。各国的贴现率是不同的，发达国家一般在2%～4%，发展中国家比这比率高得多。进行跨国比较时，所有国家都选择了统一的4%的贴现率。

（2）自然资本的估算。自然资本的估算主要涉及两个问题，一是自然资源的组成部分；二是采用什么价格计算。在财富估算中，自然资源的价格都使用世界市场价格，并用一个适当的比例加以调整，以代表贸易价格中的租金部分。任何自然资源的经济租金是市场价格同开采、加工和销售该资源所花成本之间的差额，因此它代表开采或收获资源所得到的利润。

——农业用地价值的估算。农业用地的价值基于每公顷土地上稻子、小麦和玉米三种主要谷物的平均收益（产量乘以世界商品价格），其平均价格的权重是每种谷物的种植面积。总价值计算中，针对具体谷物采用一定的调整因子（30%～50%）加以调整，以此代表每公顷土地的净经济价值。每个年度的数值以4%的贴现率折算成永久值，以此表示农业用地的现值和未来价值。其他可耕地的价值按上述谷物计算的基础上，再按80%打折计算。

——牧场用地价值的计算。类似农业用地价值的计算。肉类、羊毛、乳制品等都以国际市场价格计算其价值，并使用一个适宜的租金率（这里是45%）来计算牧场的收益。再用4%的贴现率将这一数值折算成永久值，即存量值。

——森林用地价值的计算。森林用地价值包括木料价值和非木材价值。计算木材价值的基础是根据木材租金（价格减去生产成本）计算的圆木产量。当木材产量小于年净增长量时将年值按4%的贴现率折算成永久值。如果圆木产量高于年净增长量时，年值根据其使用期限来折算。非木材价值，用森林面积的10%乘以每公顷非木材的森林价值的估算结果（工业化国家每公顷145美元、发展中国家每公顷112美元）。然后这个年值以每年4%的贴现率折算到无限长的时段内。

——保护区价值的计算。保护区是用来保护生物多样性或者具有独特的文化、风景、历史遗迹的地区。保护区的旅游和娱乐价值比较容易估算，其他则很难估算。为此使用机会成本法来确定其价值，即用前面所述的牧场价值作为保护区最小价值的近似值。

——金属和矿产价值的计算。金属和矿产包括铝土矿、铜、铁矿石、钨、镍、磷酸盐、锡和锌。对金属和矿产财富价值的估算主要通过产量、储量、开采速率以及开采所得的经济租金等来计算。产量即指开采量，是按资源租金的估算结果来计算的，将 1990—1994 年收益数据进行平滑处理之后，用 4% 的贴现率在剩余的资源使用期限内进行折算。储量，即探明储量，也即可以按照现行价格和成本并有利可图地进行开发的资源数量。经济租金是指以世界市场价格计算，生产价值与总生产成本之间的差额，该成本中包括有固定资产的折旧和资本的回报。开采速率是指开采量与储量之比的变化率。当储量数据不可得时，假设使用年限为 20 年。

——石油、煤和天然气价值的计算。年产量是用资源租金的估算结果来计算的。将 1990—1994 年的收益数据进行平滑处理之后，以 4% 的贴现率在资源使用期限内进行折算。为单位稀缺租金和不变收入流量假设了一条最优途径，以此为基础来计算现值。当储量数据不可得时，假设使用期限为 20 年。

（3）人力资源价值的估算。人力资源是指一个国家的民众所具备的知识、经验和技能。许多国家主要是通过增加对教育系统的投入来增加人力资本的存量。标准国家账户中只把其中用于校舍等固定资产的部分确认为投资，而教育的经常性支出，包括教师的工资、购买图书等的费用，被当作消费来处理。事实上，这些经常性支出也应作为人力资源的投入。如果把人力资本也作为有价值的资产，那么同人力资本形成有关的所有支出都必须按投资来对待。人力资源的投入还包括用于保健等方面的投资。人力资源价值的计算是基于国家人口收益的余量价值。该指标的计算方法是用农业（包括林业、渔业）GDP 乘以 45% 以反映劳动力部分的收益再加上所有的非农业 GNP，减去自然资源的经济租金和生产资本的贴现。然后将这个数值按人口的平均生产性年限进行贴现。人口的平均生产性年限是指国家人口在 1 岁时的预期寿命（或 65 岁，两个中选一数值较低的）同人口平均年龄之差。这些年值以 4%的贴现率转化成存量，然后再减去产品资产和城市用地的价值，便得到人力资源的现值。在人力资源价值的计算中，世界银行使用了基于 PPP（购买力平价）的国内价格，提高了最穷国家的收入价值，降低了高收入国家的人均收入水平。

（4）社会资本价值的计算。到目前为止，世界银行还没有提出具体的估算方法，世界银行关于新国家财富指标的估算方法，也在不断地调整和完善，年年都有一些变化。

根据以上估算方法，世界银行以 1990 年数据为基础，计算了全球 192 个国家的人均财富指标，全世界人均财富为 86 000 美元，其中澳大利亚为 835 000 美元，居第一位；日本为 565 000 美元，居第五位；美国为 421 000 美元，居第十二位；中国为 6 600 美元，居第 162 位；埃塞俄比亚为 1 400 美元，居最后一位。世界银行还将 192 个国家划分为原材料出口国、其他发展中国家和高收入国家，其中人力资源、自然资产、生产资本在三类国家中的比例分别为 36∶44∶20、56∶28∶16、67∶17∶16。计算结果表明，生产资产占全球财富的 16%、自然资本占 20%、人力资源占 64%；占世界人口不到 16%的高收入国家却拥有全球财富的 80%，而占世界人口 80% 以上的发展中国家仅拥有全球财富的 20%。

世界银行新国家财富指标的主要特点是：① 将财富指标由流量转向存量，扩大了财富的范围，比较真实地反映了各种财富在经济社会发展中的作用；② 实现了各种不同形态、不同特性的资本的货币化，可以加总求得总数。主要不足是：① 社会资本的估算方法尚处于研究阶段，不能计算出社会资本的价值；② 许多资产的计算采用国际市场现行价格，但通货膨胀将使许多财富的价值发生变化；③ 新国家财富指标建立在弱可持续性基础上，不能完全反映可持续协调发展的要求；④ 由于在计算中使用了许多假定，各国、各地区难以计算。

3. 英国政府的可持续发展指标体系

1992 年 6 月联合国环境与发展大会以后，英国政府成立了一个部际间的工作组专门负责研究和制定可持续发展指标体系。工作组认为，可持续发展指标的特点是：简洁性、数量性与综合性。可持续发展指标的功能有：① 指标是广大公众了解和关心可持续发展和环境状况的工具，通过指标理解和监督政府的政策，检查自己的行为对可持续发展与环境的影响；② 指标可提供环境与社会经济的联系方式，从而预测人类活动将会对环境产生的潜在影响；③ 指标可帮助测量可持续发展目标的实现程度；④ 指标还可以帮助澄清环境和经济数据混杂在一起而引起的混淆。

英国可持续发展指标是依据可持续发展战略目标而设置的。这样的指标体系有助于监测战略目标的实现进程，也有助于完成联合国可持续发展委员会交给英国的任务，同时将公众的注意力集中在关键问题上，从而影响企业、个人的行为，使其考虑自己的行为对环境造成的影响。

英国的可持续发展指标是按照可持续发展战略目标来设置的，其目标有四个：① 保持经济健康发展，以提高生活质量，同时保护人类健康和环境；② 不可再生资源必须优化利用；③ 可再生资源必须可持续地利用；④ 必须使人类活动对环境承载力所造成的损害及对人类健康和生物多样性构成的危险最小化。在每一个大目标之下又包含几个专题，共有 21 个专题。在每一个专题下面又包括若干关键目标和关键问题，在关键目标和问题下面再选择关键指标，共计有 120 多个指标。

4. 欧盟的可持续发展指标

该体系根据联合国关于可持续发展的定义及 21 世纪议程主要章节而确定，包括了四个方面，46 个指标：经济指标、社会指标、环境指标及体制指标，其中经济指标 9 个，社会指标 14 个，环境指标 21 个，体制指标 2 个，它们分别是：

（1）可持续发展经济指标包括：人均国内生产总值（GDP）、国内生产总值中的投资份额、国内生产总值中加工增值份额、人均年能源消费量、可再生能源消费、可开采能源储备使用期、环保支出占国内生产总值的比例、国外直接投资和全部官方发展援助占国内生产总值比例。

（2）可持续发展社会指标包括：人口增长率、净迁移率、总生育率、婴儿死亡率、出生预期寿命、全国总保健支出占国内生产总值的比例、失业率、劳动力中每 100 名男子对应的妇女人数、男女平均工资比率、人口密度、城市人口比例、城市人口增长率、人均居住面积、人均机动车交通的化石燃料消费。

（3）可持续发展环境指标包括：耗竭臭氧层物质的消费、温室气体的释放、硫氧化物的释放、氮氧化物的释放、抑制空气污染的费用、人均水消费、污水处理、地下水和地表水的年抽取量、人均可耕地、土地利用变化、农业能源利用、农业中肥料的使用、农业杀虫剂的使用、工业和市政固体废物的产生、废物管理费用、废物回收和重新利用率、林区变化、木材收获强度、森林面积变化、受威胁物种占当地总物种的百分数、保护区占总面积的百分数。

5. 美国政府的可持续发展指标体系

1993 年 6 月克林顿总统宣布成立“总统可持续发展理事会（PCSD）”，经过 3 年的研究和审议，于 1996 年 2 月提出了《美国国家可持续发展战略——可持续的美国和新的共识》。该报告提出了美国可持续发展的 10 个目标：健康与环境、经济繁荣、平等、保护自然、资源管理、持续发展的社会、公民参与、人口、国际责任、教育。在每一个发展目标下面都设计和选择了若干进步指标来描述和反映该目标的发展变化情况。

（1）健康与环境。包括空气质量指标：居住在空气质量不合标准的人口减少数量；饮水质量指标：饮用达不到国家饮用水安全标准的人口减少数量；有害物质排放指标：人类排放的有害物质的减少量。

（2）经济繁荣。包括经济指标：人均 GDP 和 NDP（国内净产值）；就业指标：就业机会、工资水平和工作质量增加与改进；贫困指标：生活在贫困线以下的人口数量的减少；生产效率指标：人均每小时工作的产品增多的情况。

（3）平等。包括收入平等：与占人口总数 20% 的最富有人口相比，占人口总数 20% 的下层人口的收入变化；环境平等指标：不同社会阶层承受的环境负担；社会平等指标：不同社会阶层的公民在获得必要的教育、健康保障、社会服务、参与决策等机会方面进行评价。

（4）自然保护。设有反映生态系统、居住地丧失、面临威胁和危险的物种、营养物质与有毒物质、外来物种、全球环境变化方面的指标。

（5）资源管理。指标主要包括材料消耗、废物减少、能量效率和再生资源利用各方面。

（6）可持续发展的社会。主要指标有社会经济生存力、安全的睦邻关系、公园、面向后代子孙的投资、交通结构、社会对信息的获取、庇护场所、城市收入结构、婴儿死亡等。

（7）公民参与。指标有选民参加国家、州和当地选举投票的百分率。

（8）人口。包括人口增长、怀孕、妇女地位、移民等内容。

（9）国际责任。用于评价联邦政府国际责任的指标，包括国际援助、环境援助、进展评价、环境技术输出、科研水平。

（10）教育。指标包括信息获取、课程设置、国家标准、社会参与、国家成就、毕业率等。

6. 世界自然保护同盟的可持续发展指标体系

1993 年 IUCN［世界自然保护联盟（World Conservation Union），简称自保联盟，常简称为 IUCNNR（International Union for Conservation of Nature and Natural Resources）。它是一个国际组织，专职在世界的自然环境保护。该联

盟于1948年在瑞士格兰德成立。由全球81国家、120位政府组织、超过800个非政府组织、10 000个专家及科学家组成，共有181个成员国］和IDRC（International Development Research Centre，即加拿大国际发展研究中心。旨在资助发展中国家开展应用技术和政策研究，帮助它们解决所面临的社会、经济和环境问题）合作，提出了“可持续性测定仪器”来度量可持续发展的方法。建立该方法的指标体系的概念模型是人类系统和生态系统的福利相互作用模型。对于可持续发展目标来说，人类系统的福利和生态系统的福利都是必不可少的条件，因此，指标体系的最高层次分成人类系统和生态系统，以下层次分别为：第一层次，维度即用尽可能少的领域涵盖人类系统和生态系统中与可持续发展密切相关的本质特征。第二层次，在每一个维度内，再细分成具有指示性意义的问题。第三层次，对于每一个具体问题设置相应的指标。

世界自然保护同盟在建立指标体系的同时，还提出了具体的可持续发展水平评价方法，为了避免单项总指标对分指标的“事实掩盖”，世界自然保护同盟分别计算出两大系统的综合评价值，然后标记在由人类系统和生态系统为 X 轴与 Y 轴构成的平面坐标系上，并以此判断可持续发展状况。

4.1.4 国内可持续发展指标体系的介绍及评述

我国以可持续发展思想为核心内容的《中国21世纪议程》自颁布以来，衡量区域可持续发展水平的可持续发展指标体系日益受到社会的重视。指标体系不仅是分析观察一个区域的可持续发展程度和状态的有效工具，而且是描绘该地区可持续发展质量，评价可持续发展能力的基本水准。建立一套不同于传统的经济社会发展统计指标，按照联合国所要求的切实体现《21世纪议程》、建立在严格的法律法规保护下的指标系统，吸引更大范围的公众参与可持续发展，对于转变社会观念、普及可持续发展意识、促进可持续发展战略的实施意义重大。

1. 国家发展计划委员会提出的指标体系

国家发展计划委员会国土开发与地区经济研究所《中国可持续发展指标体系研究》课题组把可持续发展指标体系分为两种类型，即外延指标和内在指标。外延指标分为两种：① 自然资源或自然资产存量；② 固定资产存量，即生产资本存量。内在指标是由外延指标派生出来的，也分为两种：① 时间函数，即速率等；② 状态函数，如环境质量、资源利用等。该课题组提出了社会发展指标、经济发展指标、资源指标、环境指标以及非货币指标，这些指标构成了衡量中国可持续发展的指标体系。

2. 国家环保局环境工程评估中心提出的指标体系

国家环保局环境工程评估中心的“社会主义市场经济下环境统计指标体系与规范化研究”中将环境统计指标体系分为经济社会发展、环境质量、自然资源污染状况与控制、环境管理等五大部分，每一大部分下再分中类、小类以及具体指标。

3. 国家统计局和中国 21 世纪议程管理中心提出的发展指标体系

国家统计局统计科学研究所和中国 21 世纪议程管理中心联合成立了“中国可持续发展指标体系研究”课题组。该课题组提出中国可持续发展指标体系从大的领域看，包括经济、社会、人口、资源、环境及科教六大部分。可持续发展指标体系的基本框架：① 经济（总量水平、结构、效益、能力）；② 资源（水、土地、森林、海洋、草地、矿产、能源、综合利用）；③ 环境（水、土地、大气、废弃物、噪声、生物多样性、自然资源与环境保护）；④ 社会（贫困、就业、人民生活、卫生健康、社会保障）；⑤ 人口（规模、结构、素质）；⑥ 科教（投入、发展程度）。

4. 中国科学院可持续发展战略研究组提出的指标体系

中国科学院可持续发展战略研究组在世界上独立地开辟了可持续发展研究的系统学方向，依据此理论内涵，设计了一套“五级叠加，逐层收敛，规范权重，统一排序”的可持续发展指标体系。该指标体系分为总体层、系统层、状态层、变量层和要素层五个等级。总体层：综合表达可持续发展的总体能力，代表着可持续发展总体运行态势和战略实施的总体效果。系统层：将可持续发展总系统解析为内部具有逻辑关系的五大子系统——生存支持系统、发展支持系统、环境支持系统、社会支持系统、智力支持系统。状态层：在每一个子系统内能够表征系统行为的关系结构。以某一时刻为断面，表现为静态，而随着时间的变化，它们则呈现动态特征。变量层：共采用 45 个“指数”加以代表。它们从本质上反映、揭示状态的行为、关系、变化等的原因和动力。要素层：采用可测的、可比的、可以获得的指标及指标群，对变量层的数量表现、强度表现、速率表现给予直接地度量。

4.2 重庆人居环境可持续发展评价指标体系构建

4.2.1 人居环境评价指标体系研究进展

城市人居环境的研究主要通过人居环境评价来描述，而人居环境评价则由人居环境评价指标体系或定性描述来体现。人居环境评价通过问卷调查、相关指标体系的建立来刻画人居环境的状态和发展趋势，可以使对人居环境理论的探讨转向如何实施和操作的应用层面。因而人居环境评价是人居环境理论研究走向实践应用的重要环节，还有利于对人居环境质量进行横向或纵向比较并建立直接或间接的联系，以便找出不足，取长补短，进而寻求发展的方向。人居环境评价指标体系是描述和评价人居环境优劣的可量度参数的集合，是对人居环境质量的一种刻画、描述和度量，是一种“尺度”和“标准”。而城市人居环境的好坏则在系列指标体系中表现出来。城市人居环境评价体系是综合评价人居环境状况及发展趋势的基础，城市人居环境评价可为人居环境的建设与管理提供决策依据。

目前，人们对人居环境可持续发展的评价指标体系还未形成明确的规定。根据学术派系的不同对此评价指标体系的定义也不相同。一种是根据自然属性或社会属性定义的；一种是立足于经济属性定义的；还有一种是着重于科技属性定义的。但这些定义仅仅考虑了在某个属性上对可持续发展的定义，不能得到所有学科领域人士的认可。世界银行从经济、社会文化和生态三个方面提出了有关环境的可持续矩阵，作为指标研究的框架。英国环境部（DOE）提出了“英国可持续发展指标”（Indicators of Sustainable Development for the United Kingdom）。我国人居环境指标体系的研究是全新和前沿的课题，20 世纪 80 年代以来，国内学者对城市环境综合评价方面的研究为城市人居环境评价指标体系的研究奠定了基础。

1. 从生态环境和生态学的角度进行评价

建设部经过多年实践提出的“城市环境综合整治考核指标体系”。王如松等人以建设生态城市为目标，从城市生态效率、和谐度、可持续能力等方面建立指标体系，确定该城市系统发展的生态秩序。城市反映人与物理环境、代谢环境、生物环境、社会环境、经济环境和文化环境之间的生态关系。

2. 从可持续发展的角度进行评价

随着城市可持续发展概念的提出，我国学者结合具体数据，就可持续发展指标体系提出各自的见解。如叶文虎等从人口发展状况、资源数量及利用情况、生态与环境状况、经济发展状况四个方面进行区域可持续发展指标体系的构造；海热提·涂尔逊等从城市发展的持续度、协调度、发展水平三个方面确定城市可持续发展满意度；上海环境科学研究院从社会、经济、环境三个方面建立了衡量环境与社会发展的指标体系；陈秉钊等人直接就可持续的中国人居环境进行大量的研究，分别从不同层次建立了人居环境可持续发展评价指标体系。

综上所述，本文根据目前较为主流的指标体系结合重庆市现状和指标数据来源的可获性，将重庆市人居环境分为生态、经济、社会这三大系统来展开研究，建立三级评价指标体系。

4.2.2 重庆人居环境可持续发展评价指标体系构建原则

人居环境可持续发展评价指标体系构建应全面、简明、系统、有结构性。评价指标体系的建立是以现有的各项统计制度和数据为基础，它并不是对传统的经济、社会和环境领域统计指标进行简单的照搬和堆积，而是对原有统计指标的有机综合、提炼和创新。

由于人居环境可持续发展的概念具有广泛性和复杂性，因此在选取评价指标时，应该坚持将概念的准确把握与实际评价的可行性相统一。可持续发展评价指标体系的构建一般应遵循以下原则：

1. 整体性与层次性原则

整体性是指所选取的评价指标既能反映各子系统的发展，又能反映各子系统之间的相互协调作用。层次性是指在对于不同的层次系统上选择不同的指标体系，也就是说根据可持续发展体系的复杂度，将评价指标体系分为若干级层次结构，使指标体系合理科学。指标向上越综合；指标向下越具体。

2. 科学性和现实性原则

所选指标体系应将可持续发展概念的含义和各系统指标之间的相互联系客观真实地反映，并对可持续发展目标的实现进度做科学地评价。同时，评价体系中所选的指标应具备可比性，以便于分析比较，同时指标数据的取得也应方便、简化。

3. 独立性与协调性原则

人居环境可持续发展所确定的各指标体系应保持相互独立，同时，各指标和其他指标必须建立密切的内在联系，合理反映各个系统之间的相互联系，通过对各指标权重的设置调整各指标的协调性。

4. 完备性与简洁性原则

指标体系应能将可持续发展的所有主要特征全面反映，同时应避免重复出现含义相近的指标，尽量减少指标数量，确保所选指标简明、概括、具有代表性。因此，指标体系要兼顾考虑完备性和简洁性。

5. 动态性与稳定性原则

可持续发展的指标体系应包含静态指标和动态指标。在人居环境可持续发展的不同阶段所采用的指标体系应是不同的，即动态性；同时为便于评价分析，所选指标体系应保证在一定时期内是稳定的，即稳定性。因此，评价体系指标的选择应将指标的动态变化特点充分反映，以便更好地评价、预测未来的发展趋势。

6. 定性与定量指标相结合原则

应尽可能地对所选评价指标进行量化定义，以便比较分析；一些意义重大而难以进行量化定义的指标可以进行定性的描述。

7. 实用性和可操作性原则

所选指标简单明了，实用性较强，便于被使用者理解和接受；指标应以统计理论为基础，通过数学分析得到，具备较强的可操作性。

8. 普遍性与特殊性相统一原则

为了使所选定的指标体系可以在国际上通用和推广，对选定的用来描述和衡量人居环境可持续发展状况的评价指标应采用统一的尺度标准。但由于世界各国发展水平不同，所处发展阶段也各不相同，再加上人居环境可持续发展所涉及的因素众多，因此只能综合考虑提出一个相对的，普遍可以接受的指标体系进行分析。考虑到不同国家的发展方向和阶段的差别性，需要制定出不同的特定评价指标体系。因此，在构建人居环境可持续发展指标体系时应综合考虑指标的普遍性和特殊性相统一的原则。

4.3 重庆人居环境可持续发展评价指标的构建

人居环境是一个非常复杂的系统，包含自然及社会经济发展两大块的众多因子，要研究人居环境可持续发展就要从人居环境的本质出发，结合重庆市经济、环境发展现状，找出典型影响因子，建立一套较为明晰的评价体系。人居环境可分为硬环境和软环境两类。硬环境即人居物质环境，是指服务于居民并为居民所利用的各种物质设施的总和。它由各种实体和空间构成，是自然要素、人文要素和空间要素的统一体。软环境即人居社会环境，是指居民在使用硬环境系统功能中形成的一切非物质形态事物的总和。

目前，我国学者从生态学、城市生活环境、可持续发展等多个角度提出了城市人居环境评价指标体系，试图将各种人居环境理念变成切实可行的建设方案，真正实现城市人居环境的优化。指标是对基本数据的集成或者综合，是一种定量化的信息。一个指标可以是一个变量或一个变量的函数，除此之外，它还反映政策问题。中国可持续发展战略报告将国家可持续发展能力进行了系统分类，无论是宏观层面还是微观层面的可持续发展都要涉及各种不同层次系统中各种因素如环境、经济和社会等的协调问题。为了解决这些问题，需要设计指标的组织系列即指标体系。指标体系是目前国际通用的用于评价发展目标和过程的有效方法，建立城市人居环境可持续发展评价指标体系是为了描述和反映城市经济、社会和环境，是城市人居环境长久健康的根本需要，是监测和评估可持续发展进展的需要，也是可持续发展综合评价研究的基础。

本书在对人居环境科学进行论述时，曾提到人居环境科学是一门综合性极强的学科，不仅有基础的建筑学、环境学、经济学还涉及生态学、城市规划学、地理学以及社会学等学科的综合知识。对人居环境的研究既要有深厚的理论支持，又要将研究的成果积极运用到实际的操作中，对人居环境问题进行治理和改善。人居环境不仅有基础性的聚居空间，还涵盖了聚居空间外更广泛的经济环境、生态环境、社会环境等方面。

总的说来，城市人居环境可持续发展评价指标体系必须具有下面几方面的功能。第一，能描述和反映出某一时刻城市人居环境各个要素的现状。第二，能够描述和反映出城市人居环境发展的某一时刻各方面的变化趋势。第三，能够描述和反映出城市人居环境发展的各因素之间的协调程度。也就是说可持续发展的城市人居环境质量评价指标体系反映的是社会-经济-环境之间的相互作用关系。根据指标体系的层次性原则，城市人居环境可持续发展的评价指标体系应该涵盖以下几个主要方面：一是社会系统，包括人口发展、卫生、科技、教育等；二是经济系统，包括经济发展水平、居民消费水平、城市经济结构等；三是环境系统，包括大气质量、水资源环境、固体废物处理、噪声污染防治、城市绿化等。

一个城市的人居环境若要可持续发展，不仅仅要建立起良好的自然环境，还必须做到自然环境与经济发展、社会发展紧密联系协调。故此，根据以上标准结合重庆市的发展特点及指标数据来源的可获性，本书选择重庆的社会发展、经济发展和生态环境三大系统作为评价体系的要素层，而在要素层之下选择若干个与要素层紧密相关的指标作为指标层，来反映各指标层的发展水平。

4.4 指标选择标准

本书研究的主要目的就是要建立一套可行的、操作性强的评价人居环境可持续发展的指标体系。这套指标体系可以提高可持续发展人居环境公众的关注从而促进政策的制定，为了达到这个目的，选择的指标应当简洁清晰。在回顾和借鉴各种关于可持续发展的指标评价体系后，得出以下的指标选择标准。

1. 专业性标准

人居环境的研究不仅涉及建筑和环境因素这两个领域，而且是人类诸多经济、政治制度、文化生活行为的固化和外化。因而指标体系应涵盖人类生活的其他领域，以期全面地理解、规范居民的居住行为。

2. 稳定性标准

可持续发展人居环境同其他事物一样，具有波动性，随时间会有所变化。因此，其指标的选取应该具有一定的时效，避免短时间内有剧烈变化的因素而对整个体系的评价产生影响。

3. 自我维持标准

在某些情况下，确定的定量指标难以反映可持续的根本需求。任何指标都是在特定条件下的相对协调的产物，难免会有落后、失效的可能。所以，更应该强调被评价对象的自我创造、自我维护能力。

4. 可操作性标准

可操作性标准指指标的简明扼要性、数据获得的便利性、指标表达的规范性、指标之间的可比性，这样既有利于数学方法的分析，也有利于评价结果的比较。

5. 环境与经济发展标准

保护环境与经济发展之间始终存在着动态的平衡。可持续发展人居环境指标的确定不仅要反映环境观，还要反映经济的发展，因为经济的发展不但为保护环境提供资金保障，也为人居环境的改善提供经济支持，所以经济发展的指标对于人居环境的可持续发展有着同样重要的意义。

6. 相对完备性标准

可持续发展人居环境指标体系作为一个有机整体，应该能比较全面地反映和测度被评价区域的主要发展特征和发展状况，这样评价的结果才更加准确和具有现实意义。所以应尽可能选择具有相对独立性的指标，从而增加评价的准确性和科学性。

7. 综合性原则

在完备性的基础上，可持续发展的人居环境指标体系应力求简洁，尽量选择那些有代表性的综合指标和主要指标。

依照以上的城市人居环境可持续发展评价原则、指标体系的选取原则，同时结合了重庆市人居环境发展的情况，本书最终选择社会发展、经济发展和生态环境发展三方面 23 个指标组成城市人居环境综合评价指标体系（表 4-1）。这 23 个指标分别为人口自然增长率、儿童入学率、城镇化率、科技支出占 GDP 比例、教育投入占 GDP 比例、每万人中在校大学生数、每万人中卫生技术人员数、人均储蓄存款余额、人均邮电业务量、人均国民生产总值、人均社会固定资产投资、人均财政收入、人均社会消费额、国民经济年增长率、第三产业占 GDP 比例、人均公共绿地面积、园林绿地面积、环保投资、森林覆盖率、二氧化硫排放量、饮用水源水质达标率、工业废水排放达标率、工业固体废物综合利用率等。

表 4-1 重庆市人居环境可持续发展评价指标体系

一级指标	二级指标	三级指标	单位
社会可持续性	人口指数	人口自然增长率	‰
		儿童入学率	%
		城镇化率	%

续表 4-1

一级指标	二级指标	三级指标	单位
社会可持续性	科教文卫发展	科技支出占 GDP 比例	%
		教育投入占 GDP 比例	%
		每万人中在校大学生数	人/万人
		每万人中卫生技术人员数	人/万人
经济可持续性	经济条件	人均储蓄存款余额	元/人
		人均邮电业务量	元/人
		人均国民生产总值	元/人
		人均社会固定资产投资	元/人
		人均财政收入	元/人
		人均社会消费额	元/人
	综合水平	国民经济年增长率	%
		第三产业占 GDP 比例	%
环境可持续性	生态环境建设	人均公共绿地面积	平方米/人
		园林绿地面积	公顷
		环保投资	亿元
		森林覆盖率	%
	环境污染控制	二氧化硫排放量	万吨
		饮用水源水质达标率	%
		工业废水排放达标率	%
		工业固体废物综合利用率	%

5 重庆人居环境可持续发展综合评价

5.1 重庆人居环境可持续发展指数综合评价方法

重庆人居环境可持续发展指标体系是一个动态的、综合的多指标体系，评价方法本身必须具有可操作、正确、简便等特点。目前用于进行各类评价的方法很多，有技术经济分析法、专家咨询法、层次分析法、投入产出法、模糊评价法等。由于重庆人居环境可持续发展综合评价既是一个发展状态的评价，又是一个发展趋势的评价，单独的某一种方法很难适用于重庆人居环境可持续发展综合评价，为此应采用多指标综合评价方法。综合评价的实施由以下几个步骤组成：定性指标的量化、指标标准值的确定、指标的无量纲处理、权重赋值及综合指数计算方法选取工作。

5.1.1 指标的量化

指标按其性质可分为两类：一是定量指标，可根据基础统计数据计算出指标值；另一类是定性指标，这类指标较难量化，在评价工作中应克服主观因素。本书在研究中为了指标值的可取性最后选择的是定量指标。

为实现定性指标的定量化，通常做法是：首先给定性指标明确的定义，再根据指标定义和实际情况给指标评分。对于定性指标而言，可结合具体技术参数等情况，把定性指标人为定量化，定量化的标准使各个评价方案之间具有可比性。定性指标定量化的方法很多，如 DelPhi 法、头脑风暴法、模糊方法、灰色关联度法、AHP 法等，但由于问题的复杂性，至今仍没有一个彻底解决定性指标定量化的方法，在应用中常综合使用多种方法。

通过重庆统计年鉴、第五次重庆人口普查资料、第六次重庆人口普查资料等权威资料获得原始数据，并根据基础统计数据或计算对指标进行了量化处理得到重庆人居环境可持续发展综合评价指标值（表 5-1）。

表 5-1　重庆人居环境可持续发展综合评价量化指标值

一级指标	二级指标	三级指标	2006 年	2007 年	2008 年	2009 年	2010 年	2011 年	2012 年	单位
社会可持续性	人口指数	人口自然增长率	6.81	8.73	5.76	4.5	7.25	6.54	3.88	‰
		儿童入学率	99.9	99.96	99.98	99.93	99.94	99.96	99.43	%
		城镇化率	46.7	48.3	50	51.6	53	55	57	%
	科教文卫发展	科技支出占GDP比例	0.16	0.24	0.26	0.24	0.23	0.25	0.26	%
		教育投入占GDP比例	2.01	2.60	2.65	2.91	3.03	3.18	4.13	%
		每万人中在校大学生数	126.64	137.79	148.91	159.75	171.30	122.15	132.74	人/万人
		每万人中卫生技术人员数	24.95	25.88	27.25	29.67	33.63	36.09	39.38	人/万人
经济可持续性	经济条件	人均储蓄存款余额	17 255.31	20 327.76	24 629.50	33 376.99	40 730.09	47 548.69	56 632.78	元/人
		人均邮电业务量	625.22	618.18	614.05	610.57	604.63	728.70	828.98	元/人
		人均国民生产总值	13 939	16 629	20 490	22 920	27 596	34 500	38914	元/人
		人均社会固定资产投资	7 664.69	9 771.88	12 419.98	16 234.90	20 992.59	23 082.01	28 054.94	元/人
		人均财政收入	2 320.10	3 267.98	3 961.20	4 687.36	9 006.10	10 582.14	11 364.28	元/人
	经济条件	人均社会消费额	4 475.06	5 288.86	6 592.23	7 568.09	8 895.55	10 474.49	12 064.53	元/人
	综合水平	国民经济年增长率例	12.67	19.67	23.9	12.7	21.37	26.32	13.97	%
		第三产业占GDP比例	42.2	39	37.3	37.9	36.4	36.2	39.4	%
环境可持续性	生态环境建设	人均公共绿地面积	6.59	6.97	8.94	10.57	12.72	17.01	17.41	平方米/人
		园林绿地面积	21 463	28 870	34 489	39 955	47 200	55 929	58 354	公顷
		环保投资	94.64	108.2	126.42	189.55	231.68	275.2	232.4	亿元

续表 5-1

一级指标	二级指标	三级指标	2006 年	2007 年	2008 年	2009 年	2010 年	2011 年	2012 年	单位
环境可持续性		森林覆盖率	32	32	34	35	37	39	41	%
	环境污染控制	二氧化硫排放量	85.95	82.62	78.24	74.61	71.94	58.69	56.48	万吨
		饮用水源水质达标率	98.6	99.4	100	100	100	100	100	%
		工业废水排放达标率	93.9	92.1	93.5	94.3	94.7	95	95	%
		工业固体废物综合利用率	73.7	76.7	79.1	79.8	80.4	76.86	81.6	%

5.1.2 指标标准值的确定

在人居环境的可持续发展评价指标的建立过程中，要以人民生活水平的不断提高为目的，以自然资源的永续利用为基础，以社会经济的快速发展为核心，以环境的有效保护为前提，以科技的有效利用为有效支撑。切实遵循以上思想作为人居环境可持续发展评价指标的指导原则。综合考量影响人居环境的各方面因素，在指标的建立中做到全方位深层次地反映人居环境可持续发展的最终目标。

在实际的操作中为了使城市人居环境的可持续发展评价指标体系既满足理论需要又能结合实际情况，通常质量环境指标以百分率、增长率以及单位均值等标准来达到指标实际操作中的真实性、可操作性、可比性、易获得性以及简洁性的目的。在城市人居环境可持续发展的生态类环境指标的选择上也应做到与全球生态环境指标相统一，同时也以增长率、百分率以及单位均值等方式来表现评价指标。

目前，除环境质量指标外，国内外对社会、经济和环境类的其他指标，还没有一个一致认可的令人满意的评价标准。为使社会、经济类评价指标具有纵向可比性，现拟定以下几项原则供制定标准值时参考：

① 凡已有国家标准的或国际标准的指标，尽量采用规定的标准值；② 参考国外具有良好特色的城市的现状值作为标准值；③ 参考国内城市的现状值，作趋势外推，确定标准值；④ 依据现有的环境与社会、经济协调发展的理论，力求定量化作为标准值；⑤ 对那些目前统计数据不十分完整，但在指标体系

中又十分重要的指标，在缺乏有关指标统计数据前，暂用类似指标替代。

根据以上原则拟定的重庆人居环境可持续发展指数综合评价标准，有相关标准的采用相关标准进行计算，没有相关标准的就选用近几年指标值最大值作为标准值进行计算，表 5-2 为重庆市人居环境可持续发展评价标准值。

表 5-2　重庆市人居环境可持续发展评价标准值

一级指标	二级指标	三级指标	单位	标准值	
社会可持续性	人口指数	人口自然增长率	‰	7	人口老龄化标准
		儿童入学率	%	100	理想目标值
		城镇化率	%	80	美国城镇化率
	科教文卫发展	科技支出占 GDP 比例	%	2	发达国家标准
		教育投入占 GDP 比例	%	5	发达国家标准
		每万人中在校大学生数	人/万人	171.30	近几年最优值
		每万人中卫生技术人员数	人/万人	39.38	近几年最优值
经济可持续性	经济条件	人均储蓄存款余额	元/人	56 632.78	近几年最优值
		人均邮电业务量	元/人	828.98	近几年最优值
	经济条件	人均国民生产总值	元/人	60 000	发达国家水平
		人均社会固定资产投资	元/人	28 054.94	近几年最优值
		人均财政收入	元/人	11 364.28	近几年最优值
		人均社会消费额	元/人	12 064.53	近几年最优值
	综合水平	国民经济年增长率	%	10	近几年最优值
		第三产业占 GDP 比例	%	64	世界平均水平
环境可持续性	生态环境建设	人均公共绿地面积	平方米/人	17.41	近几年最优值
		园林绿地面积	公顷	58 354	近几年最优值
		环保投资	亿元	275.2	近几年最优值
		森林覆盖率	%	50	理想目标值
	环境污染控制	二氧化硫排放量	万吨	56.48	近几年最优值
		饮用水源水质达标率	%	100	理想目标值
		工业废水排放达标率	%	100	理想目标值
		工业固体废物综合利用率	%	100	理想目标值

5.1.3 无量纲处理

对于已选定的指标体系，由于各个指标的计量单位及数量级相差较大，所以一般不能直接进行简单的综合，必须先将各指标进行标准化处理，变换成无量纲的指数化数值或分值，再按照一定的权重进行综合值的计算。

无量纲处理，也叫作指标数据的标准化、规范化，是指采用数学变换以消除指标值数量级或量纲的不同对综合绩效评价值产生的影响。目前常用的无量纲处理方法大致可以归为三类：直线型无量纲化法、折线型无量纲化方法、曲线型无量纲化方法。

直线型无量纲化方法的基本思想是假定实际指标值和评价指标值之间存在着线性关系，实际指标值的变化引起评价指标相应的比例变化。代表方法有阈值法。阈值也称临界值，是衡量实物发展变化的一些特殊指标值，比如极大值、极小值、满意值、不允许值等。阈值法是用指标实际值与阈值相比以得到指标评价值的无量纲化方法。即

标准化处理值=（指标值÷标准值）

即 $Y_{ij}=\dfrac{X_{ij}}{X_j}$

式中 X_j——标准值，一般可以取指标极大值、极小值、平均值、指标总值、理想值等。本课题的标准值 X_j，有相关标准的采用相关标准进行计算，没有相关标准的就选用各省市指标值平均值作为标准值进行计算。

X_{ij}——各指标量化的实际指标值。

Y_{ij}——无量纲化后的标准化值。

5.1.4 权重赋值方法

指标权重的合理与否在很大程度上影响综合评价的正确性和科学性。目前，在综合评价实践中确定权重的方法可大致分为两类：主观赋权法与客观赋权法。主观赋权法根据决策者对各指标的主观重视程度赋权，如专家打分法、二项系数法、层次分析法等；客观赋权法依据客观信息（如决策矩阵）进行赋权，如主成分分析法、摘值法、多目标规划法等。

各种方法都有优点，也都有局限性，在具体使用时应根据评估目的和指

标数据的情况有选择地使用。到目前为止，在实践中常用的方法仍是依据研究者的实践经验和主观判断来确定权重。专家打分法是在定量和定性分析的基础上，以打分等方式做出定量评价，其结果具有数理统计特性，其最大的优点在于，能够在缺乏足够统计数据和原始资料的情况下，做出定量估计。

专家评价法的主要步骤是：首先根据评价对象的具体情况选定评价指标，对每个指标均定出评价等级，每个等级的标准用分值表示；然后以此为基准，由专家对评价对象进行分析和评价，确定各个指标的分值，采用加法评分法、乘法评分法或加乘评分法求出个评价对象的总分值，从而得到评价结果。

本课题通过专家打分法一级指标和二级指标的权重计算结果见表 5-3。

表 5-3　人居环境可持续发展评价权重

一级指标	二级指标	三级指标	权重
社会可持续性（0.33）	人口指数（0.159）	人口自然增长率	0.051 9
		儿童入学率	0.053 5
		城镇化率	0.053 6
	科教文卫发展（0.171）	科技支出占 GDP 比例	0.041 4
		教育投入占 GDP 比例	0.043 4
	科教文卫发展（0.171）	每万人中在校大学生数	0.044 1
		每万人中卫生技术人员数	0.042 1
经济可持续性（0.327）	经济条件（0.198）	人均储蓄存款余额	0.032 3
		人均邮电业务量	0.030 3
		人均国民生产总值	0.032 4
		人均社会固定资产投资	0.033 0
		人均财政收入	0.034 6
		人均社会消费额	0.035 5
	综合水平（0.129）	国民经济年增长率	0.063 5
		第三产业占 GDP 比例	0.065 5
环境可持续性（0.343）	生态环境建设（0.169）	人均公共绿地面积	0.043 7
		园林绿地面积	0.041 6
		环保投资	0.040 7
		森林覆盖率	0.043 0

续表 5-3

一级指标	二级指标	三级指标	权重
环境可持续性（0.343）	环境污染控制（0.174）	二氧化硫排放量	0.045 2
		饮用水源水质达标率	0.044 1
		工业废水排放达标率	0.043 0
		工业固体废物综合利用率	0.041 7

5.1.5 重庆人居环境可持续发展综合指数的计算

指数实际的综合评价方法有若干，重庆人居环境可持续发展综合评价通过数据分析，确定使用综合指数法，即：在建立测评指标体系的基础上，用一定的方法对这些指标进行综合打分，用综合得分来衡量、判断重庆人居环境可持续发展综合水平的高低。该方法的优点是简便、易行，能将一些定性因素相对定量化，综合判定重庆人居环境可持续发展综合水平。

第一步，指标无量纲处理。对指标数据的标准化处理。计算公式为：

$$Y_{ij} = \frac{X_{ij}}{X_j}$$

式中　i——指标序号；

Y_{ij}——第 i 项指标的标准化值；

X_{ij}——第 i 项指标量化的实际指标值；

X_j——第 i 项指标的标准值。

第二步，确定每个指标的实现程度，每个指标的实现程度是该指标标准化值除以全面目标值。

通过计算得到重庆人居环境可持续发展指标体系无纲量化值（表 5-4）。

表 5-4　重庆人居环境可持续发展指标体系无纲量化处理

一级指标	二级指标	三级指标	2006 年	2007 年	2008 年	2009 年	2010 年	2011 年	2012 年
社会可持续性	人口指数	人口自然增长率	1.027 9	0.801 8	1.215 3	1.555 6	0.965 5	1.070 3	1.804 1
		儿童入学率	0.999 0	0.999 6	0.999 8	0.999 3	0.999 4	0.999 6	0.994 3
		城镇化率	0.583 8	0.603 8	0.625 0	0.645 0	0.662 5	0.687 5	0.712 5
	科教文卫发展	科技支出占 GDP 比例	0.078 1	0.118 2	0.130 6	0.119 1	0.112 9	0.125 0	0.130 8

续表 5-4

一级指标	二级指标	三级指标	2006 年	2007 年	2008 年	2009 年	2010 年	2011 年	2012 年
社会可持续性	科教文卫发展	教育投入占GDP比例	0.402 5	0.519 9	0.529 9	0.582 8	0.606 8	0.636 7	0.826 5
		每万人中在校大学生数	0.739 3	0.804 4	0.869 3	0.932 6	1.000 0	0.713 1	0.774 9
		每万人中卫生技术人员数	0.633 5	0.657 3	0.691 9	0.753 6	0.853 9	0.916 5	1.000 0
经济可持续性	经济条件	人均储蓄存款余额	0.304 7	0.358 9	0.434 9	0.589 4	0.719 2	0.839 6	1.000 0
		人均邮电业务量	0.754 2	0.745 7	0.740 7	0.736 5	0.729 4	0.879 0	1.000 0
		人均国民生产总值	0.232 3	0.277 2	0.341 5	0.382 0	0.459 9	0.575 0	0.648 6
		人均社会固定资产投资	0.273 2	0.348 3	0.442 7	0.578 7	0.748 3	0.822 7	1.000 0
		人均财政收入	0.204 2	0.287 6	0.348 6	0.412 5	0.792 5	0.931 2	1.000 0
		人均社会消费额	0.370 9	0.438 4	0.546 4	0.627 3	0.737 3	0.868 2	1.000 0
	综合水平	国民经济年增长率例	1.267 0	1.967 0	2.390 0	1.270 0	2.137 0	2.632 0	1.397 0
		第三产业占GDP比例	0.659 4	0.609 4	0.582 8	0.592 2	0.568 8	0.565 6	0.615 6
环境可持续性	生态环境建设	人均公共绿地面积	0.378 5	0.400 3	0.513 5	0.607 1	0.730 6	0.977 0	1.000 0
		园林绿地面积	0.367 8	0.494 7	0.591 0	0.684 7	0.808 9	0.958 4	1.000 0
		环保投资	0.343 9	0.393 2	0.459 4	0.688 8	0.841 9	1.000 0	0.844 5
		森林覆盖率	0.640 0	0.640 0	0.680 0	0.700 0	0.740 0	0.780 0	0.820 0
	环境污染控制	二氧化硫排放量	0.657 1	0.683 6	0.721 9	0.757 0	0.785 1	0.962 3	1.000 0
		饮用水源水质达标率	0.986 0	0.994 0	1.000 0	1.000 0	1.000 0	1.000 0	1.000 0
		工业废水排放达标率	0.939 0	0.921 0	0.935 0	0.943 0	0.947 0	0.950 0	0.950 0
		工业固体废物综合利用率	0.737 0	0.767 0	0.791 0	0.798 0	0.804 0	0.768 6	0.816 0

计算公式为：

$$Z_{ij} = \frac{Y_{ij}}{\max Y_i}$$

式中 i——指标序号；

Z_{ij}——第 i 项指标的实现程度（即通常所说的“进程”）；

Y_{ij}——第 i 项指标无量纲后的标准化值；

$\max Y_i$——第 i 项指标无量纲标准化值的最大值。

通过上述计算得到重庆人居环境可持续发展指标体系实现程度值（表5-5）。

表 5-5 重庆人居环境可持续发展指标体系实现程度

一级指标	二级指标	三级指标	2006 年	2007 年	2008 年	2009 年	2010 年	2011 年	2012 年
社会可持续性	人口指数	人口自然增长率	0.569 8	0.444 4	0.673 6	0.862 2	0.535 2	0.593 3	1.000 0
		儿童入学率	0.999 2	0.999 8	1.000 0	0.999 5	0.999 6	0.999 8	0.994 5
		城镇化率	0.819 3	0.847 4	0.877 2	0.905 3	0.929 8	0.964 9	1.000 0
	科教文卫发展	科技支出占GDP比例	0.597 2	0.903 6	0.998 4	0.910 7	0.863 4	0.956 2	1.000 0
		教育投入占GDP比例	0.487 0	0.629 0	0.641 1	0.705 2	0.734 2	0.770 4	1.000 0
		每万人中在校大学生数	0.739 3	0.804 4	0.869 3	0.932 6	1.000 0	0.713 1	0.774 9
		每万人中卫生技术人员数	0.633 5	0.657 3	0.691 9	0.753 6	0.853 9	0.916 5	1.000 0
经济可持续性	经济条件	人均储蓄存款余额	0.304 7	0.358 9	0.434 9	0.589 4	0.719 2	0.839 6	1.000 0
		人均邮电业务量	0.754 2	0.745 7	0.740 7	0.736 5	0.729 4	0.879 0	1.000 0
		人均国民生产总值	0.358 2	0.427 3	0.526 5	0.589 0	0.709 2	0.886 6	1.000 0
		人均社会固定资产投资	0.273 2	0.348 3	0.442 7	0.578 7	0.748 3	0.822 7	1.000 0
		人均财政收入	0.204 2	0.287 6	0.348 6	0.412 5	0.792 5	0.931 2	1.000 0
		人均社会消费额	0.370 9	0.438 4	0.546 4	0.627 3	0.737 3	0.868 2	1.000 0

续表 5-5

一级指标	二级指标	三级指标	2006 年	2007 年	2008 年	2009 年	2010 年	2011 年	2012 年
经济可持续性	综合水平	国民经济年增长率例	0.481 4	0.747 3	0.908 1	0.482 5	0.811 9	1.000 0	0.530 8
		第三产业占GDP 比例	1.000 0	0.924 2	0.883 9	0.898 1	0.862 6	0.857 8	0.933 6
环境可持续性	生态环境建设	人均公共绿地面积	0.378 5	0.400 3	0.513 5	0.607 1	0.730 6	0.977 0	1.000 0
		园林绿地面积	0.367 8	0.494 7	0.591 0	0.684 7	0.808 9	0.958 4	1.000 0
		环保投资	0.343 9	0.393 2	0.459 4	0.688 8	0.841 9	1.000 0	0.844 5
		森林覆盖率	0.780 5	0.780 5	0.829 3	0.853 7	0.902 4	0.951 2	1.000 0
	环境污染控制	二氧化硫排放量	0.657 1	0.683 6	0.721 9	0.757 0	0.785 1	0.962 3	1.000 0
		饮用水源水质达标率	0.986 0	0.994 0	1.000 0	1.000 0	1.000 0	1.000 0	1.000 0
		工业废水排放达标率	0.988 4	0.969 5	0.984 2	0.992 6	0.996 8	1.000 0	1.000 0
		工业固体废物综合利用率	0.903 2	0.940 0	0.969 4	0.977 9	0.985 3	0.941 9	1.000 0

第三步，计算各个指标的实际得分，每个指标的实际得分是该指标的实现程度与其权数的积。计算公式为：

$$W_i = Z_{ij} \times P_i$$

式中 P_i——第 i 项指标的权数；

Z_{ij}——第 i 项指标的实现程度；

W_i——第 i 项指标的得分值。

通过上述计算公式得到重庆人居环境可持续发展指标体系各指标实际得分（表 5-6）。

表 5-6　重庆人居环境可持续发展指标体系各指标得分

一级指标	二级指标	三级指标	2006 年	2007 年	2008 年	2009 年	2010 年	2011 年	2012 年
社会可持续性	人口指数	人口自然增长率	0.029 6	0.023 1	0.035 0	0.044 8	0.027 8	0.030 8	0.051 9
		儿童入学率	0.053 4	0.053 5	0.053 5	0.053 5	0.053 5	0.053 5	0.053 2
		城镇化率	0.043 9	0.045 4	0.047 0	0.048 5	0.049 8	0.051 7	0.053 6

续表 5-6

一级指标	二级指标	三级指标	2006 年	2007 年	2008 年	2009 年	2010 年	2011 年	2012 年
社会可持续性	科教文卫发展	科技支出占GDP比例	0.024 7	0.037 4	0.041 3	0.037 7	0.035 7	0.039 6	0.041 4
		教育投入占GDP比例	0.021 1	0.027 3	0.027 8	0.030 6	0.031 9	0.033 4	0.043 4
		每万人中在校大学生数	0.032 6	0.035 5	0.038 3	0.041 1	0.044 1	0.031 4	0.034 2
		每万人中卫生技术人员数	0.026 7	0.027 7	0.029 1	0.031 7	0.036 0	0.038 6	0.042 1
经济可持续性	经济条件	人均储蓄存款余额	0.009 8	0.011 6	0.014 0	0.019 0	0.023 2	0.027 1	0.032 3
		人均邮电业务量	0.022 8	0.022 6	0.022 4	0.022 3	0.022 1	0.026 6	0.030 3
		人均国民生产总值	0.011 6	0.013 8	0.017 1	0.019 1	0.023 0	0.028 7	0.032 4
		人均社会固定资产投资	0.009 0	0.011 5	0.014 6	0.019 1	0.024 7	0.027 1	0.033 0
		人均财政收入	0.007 1	0.009 9	0.012 0	0.014 3	0.027 4	0.032 2	0.034 6
	经济条件	人均社会消费额	0.013 2	0.015 6	0.019 4	0.022 3	0.026 2	0.030 8	0.035 5
	综合水平	国民经济年增长率例	0.030 5	0.047 4	0.057 6	0.030 6	0.051 5	0.063 5	0.033 7
		第三产业占GDP比例	0.065 5	0.060 6	0.057 9	0.058 9	0.056 5	0.056 2	0.061 2
环境可持续性	生态环境建设	人均公共绿地面积	0.016 5	0.017 5	0.022 4	0.026 5	0.031 9	0.042 7	0.043 7
		园林绿地面积	0.015 3	0.020 6	0.024 6	0.028 5	0.033 6	0.039 8	0.041 6
		环保投资	0.014 0	0.016 0	0.018 7	0.028 0	0.034 3	0.040 7	0.034 4
		森林覆盖率	0.033 6	0.033 6	0.035 7	0.036 7	0.038 8	0.040 9	0.043 0
	环境污染控制	二氧化硫排放量	0.029 7	0.030 9	0.032 6	0.034 2	0.035 5	0.043 5	0.045 2
		饮用水源水质达标率	0.043 5	0.043 9	0.044 1	0.044 1	0.044 1	0.044 1	0.044 1
		工业废水排放达标率	0.042 5	0.041 7	0.042 3	0.042 7	0.042 9	0.043 0	0.043 0
		工业固体废物综合利用率	0.037 6	0.039 2	0.040 4	0.040 8	0.041 1	0.039 3	0.041 7

第四步，把单个指标得分加总即得出重庆人居环境可持续发展综合评价的实现程度。计算公式为：

$$F_i = \sum_{i=1}^{n} W_i \times 100$$

式中 W_i——第 i 项指标的得分值；

F_i——重庆人居环境可持续发展综合评价分值。

通过计算得出重庆人居环境可持续发展指标体系综合评价得分（表5-7）。

表 5-7 重庆人居环境可持续发展指标体系综合评价得分

一级指标	二级指标	三级指标	2006 年	2007 年	2008 年	2009 年	2010 年	2011 年	2012 年
社会可持续性	人口指数	人口自然增长率	2.96	2.31	3.50	4.48	2.78	3.08	5.19
		儿童入学率	5.34	5.35	5.35	5.35	5.35	5.35	5.32
		城镇化率	4.39	4.54	4.70	4.85	4.98	5.17	5.36
	科教文卫发展	科技支出占GDP比例	2.47	3.74	4.13	3.77	3.57	3.96	4.14
		教育投入占GDP比例	2.11	2.73	2.78	3.06	3.19	3.34	4.34
	科教文卫发展	每万人中在校大学生数	3.26	3.55	3.83	4.11	4.41	3.14	3.42
		每万人中卫生技术人员数	2.67	2.77	2.91	3.17	3.60	3.86	4.21
经济可持续性	经济条件	人均储蓄存款余额	0.98	1.16	1.40	1.90	2.32	2.71	3.23
		人均邮电业务量	2.28	2.26	2.24	2.23	2.21	2.66	3.03
		人均国民生产总值	1.16	1.38	1.71	1.91	2.30	2.87	3.24
		人均社会固定资产投资	0.90	1.15	1.46	1.91	2.47	2.71	3.30
		人均财政收入	0.71	0.99	1.20	1.43	2.74	3.22	3.46
		人均社会消费额	1.32	1.56	1.94	2.23	2.62	3.08	3.55
	综合水平	国民经济年增长率例	3.05	4.74	5.76	3.06	5.15	6.35	3.37
		第三产业占GDP比例	6.55	6.06	5.79	5.89	5.65	5.62	6.12

续表 5-7

一级指标	二级指标	三级指标	2006 年	2007 年	2008 年	2009 年	2010 年	2011 年	2012 年
环境可持续性	生态环境建设	人均公共绿地面积	1.65	1.75	2.24	2.65	3.19	4.27	4.37
		园林绿地面积	1.53	2.06	2.46	2.85	3.36	3.98	4.16
		环保投资	1.40	1.60	1.87	2.80	3.43	4.07	3.44
		森林覆盖率	3.36	3.36	3.57	3.67	3.88	4.09	4.30
	环境污染控制	二氧化硫排放量	2.97	3.09	3.26	3.42	3.55	4.35	4.52
		饮用水源水质达标率	4.35	4.39	4.41	4.41	4.41	4.41	4.41
		工业废水排放达标率	4.25	4.17	4.23	4.27	4.29	4.30	4.30
		工业固体废物综合利用率	3.76	3.92	4.04	4.08	4.11	3.93	4.17
合计			63.45	68.61	74.81	77.49	83.55	90.54	94.93

5.2 综合评价实证分析

5.2.1 重庆人居环境可持续发展指标体系合理性

根据重庆人居环境可持续发展指数的构建方法，我们使用 2006—2012 年的相关统计数据，对 2006—2012 年重庆人居环境指数和四个单项指标进行了测算和分析，初步掌握了重庆人居环境的总体状况，结果见表 5-8。

表 5-8 2006—2012 年重庆人居环境可持续发展综合评价得分

排序	年份	综合得分
1	2006	63.45
2	2007	68.61
3	2008	74.81
4	2009	77.49
5	2010	83.55
6	2011	90.54
7	2012	94.93

通过对2006—2012年重庆市人居环境可持续发展评价指标体系进行实例验证可知，该人居环境可持续发展评价指标体系各项指标标准值有的采用国家标准或国际标准，对于没有给出国家标准的，参考了各年选定的指标值最大值作为标准值。同时人居环境可持续发展评价指标体系的指标值从重庆统计年鉴、第五次重庆人口普查资料、第六次重庆人口普查资料等权威资料中获得，对于个别无法从统计资料中获得的数据也可通过文献、报刊或网络获得，数据具有可获得性。运用综合评价模型对指标数据进行运算，结果基本与重庆市各年发展现状相符，说明本研究构建的重庆人居环境可持续发展评价指标体系具有一定的合理性和可行性。

5.2.2 测量结果分析

根据重庆市人居环境可持续发展评价指标体系的构建和分析方法，我们得到了2006—2012年重庆市人居环境可持续发展评价指标体系综合得分情况和三个一级指标的得分和排名，如表5-9所示。

表5-9 重庆市人居环境可持续发展评价一级指标得分情况

项目	2006年	2007年	2008年	2009年	2010年	2011年	2012年
社会可持续性	23.21	24.98	27.21	28.79	27.87	27.91	31.98
经济可持续性	21.23	19.30	21.51	20.55	25.46	29.23	29.29
环境可持续性	18.17	24.33	26.09	28.15	30.22	33.40	33.67
综合得分	62.62	68.61	74.81	77.49	83.55	90.54	94.93

整体上看，综合得分均超过60分，根据测量方法，满分值应该是100分，最高分为2012年94.93分，最低分为2006年62.62分，平均值79.05分。根据图5-1可以看出2006—2012年综合得分呈连续增长趋势，重庆人居环境发展是可持续性的。

通过对表5-9和图5-2一级指标的分析，可以得出：社会可持续性分析除2010年得分约有下降外，其余年份呈增长态势；经济可持续性在2007年和2009年的得分由于金融危机大环境影响约有下降，其余年份是增长态势；环境可持续性2006—2012年每年得分都是增长态势，并且在三个一级指标得分中，环境可持续性在2006年得分最低，为18.17分，到2012年增长为最高得分，为33.67，可见重庆市对环境可持续性的重视。分析可以看出各一级指标具有可持续性。

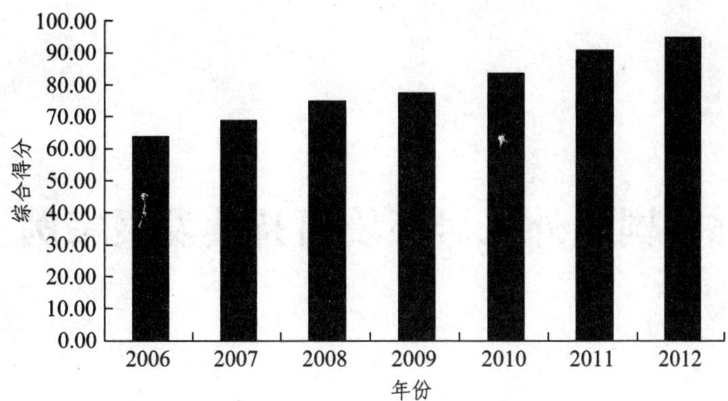

图 5-1 重庆市人居环境可持续发展评价综合得分

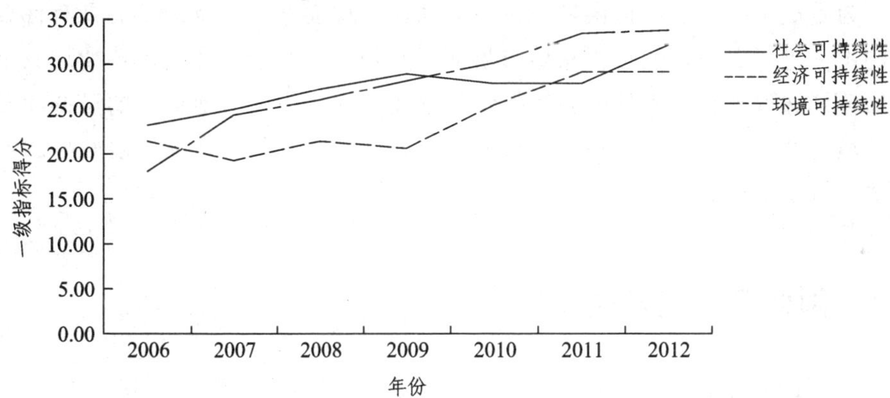

图 5-2 重庆市人居环境可持续发展评价一级指标得分情况折线图

从重庆人居环境可持续发展指标体系各三级指标分析看，各指标基本都呈增长态势，只有少数年份略有下降，具有可持续性。

综合前面的总体分析，重庆人居环境的可持续发展水平是逐渐提高的，而且基本上是协调发展的，具有可持续性。

6 国内外人居环境可持续发展案例

本部分将介绍国内外可持续发展经验，特别是国内地区的可持续发展经验，为重庆可持续发展提供参考。首先从国家层面选取可持续发展具有代表性的国家进行介绍，然后再从城市层面，从经济、社会、环境可持续这三个方面分别选取具有代表性的城市做详细描述。因为国内其他城市的可持续发展环境与背景与重庆更为相似，因此重点介绍国内其他可持续发展较好的城市更具有现实意义。

6.1 国外可持续发展案例

6.1.1 瑞士可持续发展

特色：大力支持废旧物品循环利用——废弃物循环利用居世界领先地位。

具体表现：大量回收塑料瓶、罐头盒、电池、手机。① 目前，瑞士全国设有 1.5 万个收集塑料瓶的中心。现在瑞士平均每个居民每年送往收集中心的塑料瓶达 100 个。② 重视循环利用罐头盒，回收来的罐头盒经加工厂处理后用于制作锅、工具、管子，甚至汽车外壳等金属产品，既节省了原材料和能源，也减少了空气污染，保护了生态环境。③ 回收废电池。目前世界仅有两家废电池处理厂，一家在日本，一家在瑞士。在瑞士居住的人不得随意丢弃废电池，也不能混同其他垃圾一起丢弃，必须投入专用的回收箱，或集中起来交给物业管理人员处理。④ 在 2003 年年底正式成立了回收旧手机的专门机构，并在全国 8 000 余个邮局开设了收购旧手机的业务。回收到的旧手机集中送往设在日内瓦的一个专门工厂进行检测、分拣和处理。工厂把完全可以使用的或只需换某些零件就能使用的手机同已不能使用的手机分开，将完全好的手机和修理好的手机运往非洲、中东、亚洲、拉美等一些发展中国家销售。与此同时，工厂把报废的手机拆开，取出可利用的零部件，对其他废弃物进行科学、合理的处理。

政府作用：① 公用设施投入较多。建立大型现代化处理厂；全国各地设有4 000余个回收箱；联邦环境局专门设有负责回收废电池与蓄电池的机构；成立了回收旧手机的专门机构。② 政策支持。瑞士政府明文规定，企业只有在使废弃的塑料瓶回收率达到 75%的情况下才能获准广泛生产与使用塑料瓶。③ 设立专项资金。政府实施对每个塑料瓶增加税收，所获资金由瑞士一个回收塑料瓶的非营利机构管理。作为回收废塑料瓶的专用基金。该机构还经常组织向开发商和消费者宣传回收塑料瓶的活动。

6.1.2 以色列可持续发展

特色：强大的水资源管理——在农业产量增长12倍的同时，农业用水量只增加3倍。

政府作用：① 法律支持。以色列于1959年颁布《水资源法》，规定境内所有水资源均归国家所有，由国家统一调拨使用，任何单位或个人不得随意汲取地下水。以色列为此专门设立了水资源委员会，具体负责水资源定价、调拨和监管。② 制定阶梯价格。水资源委员会是根据用水量和水质来确定水价和供水量的。城镇居民的用水价不仅比农民用水价高许多，而且政府还向城镇居民另外收取污水处理费。农民因农业生产需要用水量大，政府为此规定了阶梯价格，鼓励农民节约用水。③ 建立纵横连贯的供水系统。“北水南调”工程“国家供水系统”由地下管道、水渠、隧道和过渡水坝组成。国家供水系统相接的全国各地的小型供水系统就好比毛细血管，彼此连通，形成一个四通八达的网络，水资源委员会因此可以根据需要调拨用水。

技术支撑：① 农业节水技术。滴灌技术配以自动阀和计算机控制技术共同控制农业用水量。同时以色列化肥制造商也千方百计地开发出了可溶于水的产品，因此施肥可与滴灌同时进行，既提高了生产效率，也节约了成本，使滴灌技术趋于完善。以色列建国以来，农业灌溉用水从 8 000 吨/公顷下降到5 000吨/公顷，可耕地面积增加了近180万公顷。② 污水处理技术。研究人员开发出的“土壤蓄水层处理”技术，让土壤和沙层起到净化过滤的作用。以色列人口稠密区已经用上了这种技术，每年大约可获得1亿吨净化水。

6.1.3 美国可持续发展

特色：多种措施推动废弃物的回收利用。

具体措施：① 通过立法推动资源的回收利用。20 世纪 90 年代，美国制定了相应的法规，对电池生产过程中汞含量加以限制。还通过了净化空气法，该法禁止在制冷设备的制造、使用、维修和处理过程中排放含有氟氯化碳的制冷剂，并将氟氯化碳等有害气体进行回收，循环利用。不仅如此，各州除制定原则性法规外，还列出了详尽的实施细则，以便于居民有章可循。如宾州卫生环保当局规定，装有可回收利用的废弃物的垃圾箱或密封的塑料袋的重量不得超过 75 磅，等等。② 以行政手段推动再生资源产业的发展。总统首先签署行政命令，各州和地方政府也相继制定了相关政策。③ 通过对公众的宣传教育，从源头上减少废弃物的产生。除法律经济手段外，美国有关当局还对公众进行大规模的宣传教育，力争在源头上减少废弃物的产生。以美国最大的城市纽约为例，纽约市卫生局官员与其他政府机构，私人团体合作，发起了多项支持回收利用的项目。例如，对居民在装修住房、搬迁等过程中产生的大量建筑垃圾，政府建议居民将可以利用的旧门窗、旧家具与他人交换，或捐献给慈善机构等。

6.2 国内可持续发展案例

6.2.1 经济可持续发展——山东省日照市国家可持续发展实验区

特色：大力发展“三循环经济”。

具体措施：① 抓好“小循环”，培育生态企业，构筑循环经济的微观基础。一方面，按照循环经济理念，加强对新建项目的审核把关。凡不符合国家环保标准的项目一律拒批，从源头上控制污染。另一方面，搞好传统企业改造提升，逐步将其纳入循环经济发展的轨道。对那些规模小、消耗高、效益差的企业，采取果断措施，分期分批关停并转。对符合国家产业政策、市场前景好的企业，按循环经济的规范要求进行生态化改造。② 搞好“中循环”，建设生态工业园区，构筑循环经济示范基地。加强对工业园区的生态化改造，努力实现企业间循环利用与园区内废物的零排放，并通过产业、企业间的协调合作，构筑产品和废物加工链。如成立了全国首家生态企业协会，努力加强产业、企业间的协调合作，通过不同企业或工艺流程间的横向耦合及资源共享构筑循环经济产业链。③ 推进“大循环”，打造环境友好型产业体系，努力建设循环型社会。日照市依托优美的生态环境，大力发展港口经济、大学经济、旅游经济、体育经济、会展经济、房地产业和生态农业，已取得明显成效。

主要成效：① 环境质量得到持续改善，生态城市特色日渐突出。近几年日照的空气、饮用水、海水质量始终保持在国家一级标准。在国家环保总局发布的全国 118 个重点城市空气质量日报排行榜中，日照市排名前列。② 经济与社会快速发展。环境也是生产力，良好的生态环境促进了日照市经济持续快速增长，近几年日照市生产总值增幅明显高于山东省平均水平。③ 城市形象得到提升，增强了对外吸引能力。优美的生态环境使日照的人气越来越旺，对外吸引能力越来越强。众多明星及著名主持人在日照市举行活动，同时，在中国魅力城市的评选中，日照市也名列前茅。

6.2.2 社会的可持续发展——上海市徐汇区

特色：创建“康乐工程”，促进社区和谐发展。

具体措施：① 从绿色社区到健康社区，坚持社区环境建设的可持续发展。首先，制定行动纲领，以改善群众生产生活环境、提高市民健康素质为目标，大力开展健康促进活动。其次，建设花卉小区、健康示范小区。根据各小区的特点举办大型特色活动。同时，举办健康专题活动，建立居民健康档案。再次，增强市民健康意识。与当地医院联手举办各类健康讲座，开展各类文艺沙龙，以此提高人们生活质量。② 从建造设施到共享资源，坚持社区社会事业的可持续发展。以社区公共设施建设为基础，认真规划，重点推进一批公益性、公共性和非竞争性的社区社会事业示范项目建设，以全面实现社区资源的共建共享，以满足社区居民日益增长的精神文明需求，不断提高人民群众的生活质量。③ 从建立机制到培育品牌，坚持“康乐工程”建设的可持续发展。在完善社会服务体系工作中，注重社会服务工作方式方法的完善和改进，不断提高社会服务水平。“康乐工程”提出了围绕满足居民日益增长的物质和文化需求的“五个让”工作法，即让陌生的人熟悉起来、让劳累的人轻松起来、让疏远的人亲近起来、让困难的人得到关爱、让奉献的人受到尊敬，共建居民安居乐业的“康乐家园”。

主要成效：建成上海市首家社区体育场并对社区开放。该区被评为“建设成果项目环保社区”，区域内有多个居住小区被评为“环保绿色小区”。

6.2.3 资源环境的可持续发展——吉林省白山市国家可持续发展实验区

特色：资源开发与保护并重，实现经济社会环境的可持续发展。

具体措施：① 在矿泉水资源的开发利用和保护方面，广泛开展国际、国内合作，促进矿泉水产业的形成。在抓好矿泉水资源开发的同时，不断加强保护工作，建立了中国第一个为保护矿泉水资源而设立的保护区——中国长白山天然矿泉水靖宇水源保护区。② 在长白山经济植物的开发和保护方面，采取了保护天然野生植物，扩大人工种植面积的措施，在精深加工和提升产品档次上下功夫。③ 在长白山野生经济动物的保护与开发方面，积极为野生动物创造良好的生存环境，禁止对野生动物乱捕滥杀，在保护的基础上，谋划开发利用。④ 在矿产资源的开发利用和保护方面，一方面注重开发利用，另一方面注重对环境的保护。例如，在硅藻土的开发利用过程中，不仅注重对一级土的开发利用，还对以前废弃的二、三级土进行了开发和研究，设立了“塑料用硅藻土载体的研究”“硅藻土精制系列产品开发研究”等。⑤ 在林业资源的开发和保护方面，实行退耕还林和参后还林，实施了“天保工程”，建立红松母树林保护地。同时，为了满足生产的需要，在生产中充分利用木材，减少损失，不断开发新产品，提高产品附加值，改变了重开发、轻保护，只生产初级产品、不进行新产品开发的局面，生产出了装饰板、中密度板等产品。

主要成效：① 引进了如娃哈哈、农夫山泉等国内著名矿泉水企业，改善了产业发展环境，同时水资源得到良好的保护，成为中国矿泉水资源可持续发展示范区。② 开发出特色产品，如松子、木耳等深加工产品，延长了产业链，促进了白山市新型支柱产业的形成和发展。③ 由于加强了保护措施，长白山的旅游事业发展迅速，白山市成为著名的旅游城市。

7 重庆市人居环境可持续发展结论及相关对策建议

通过前文的分析总结，重庆人居环境可持续发展现状主要体现在以下几点。经济方面：重庆经济取得了快速发展，尤其是工业增长较快，但是依然存在经济规模总量偏小，第三产业较为落后的问题。社会方面：社会平稳发展，但是社会发展指数处于较为落后的状况，主要体现在人均住房面积少，低于全国平均水平；财政性教育支出少以及城乡收入差距大。资源环境方面：资源与环境保护力度加强，但是所承载的压力巨大。特别在近十年里承接了东部及发达地区的产业转移，工业发展加快，由此带来的资源的消耗以及环境的污染也日益加剧。

为了促进重庆经济的可持续发展，必须从重庆经济发展所处的现状出发，结合长远发展规划目标，针对重庆经济、社会和环境各子系统在发展中存在的问题及各子系统相互之间协调发展方面存在的问题，以城市人居环境的可持续发展为准绳，对重庆经济实施相应的可持续发展对策，即从经济、社会和环境子系统方面采取相应措施，并注重协调三个子系统之间的相互关系，最终促进城市人居环境朝着可持续方向发展。重庆作为全国面积最大、人口最多的大都市，是一个具有“大城市、大农村”特色的直辖市，其经济繁荣与否，直接影响我国西部大开发战略。

基于本书对重庆人居环境可持续发展的评价分析与国内外人居环境可持续发展经验以及前文对重庆可持续发展所存在的经济、社会、环境三个方面的问题分析，本部分拟从这三个方面提出对策建议。

7.1 经济可持续发展建议

经济可持续发展是城市建设的基础和前提，只有把实现可持续发展同发展经济有机地结合起来，才能真正对经济社会发展产生积极的促进作用。重庆是中国西部地区唯一的直辖市，也是西南地区和长江上游最大的经济中心城市和水陆空立体交通枢纽。作为全国面积最大、人口最多的大都市，其经济繁荣与否，人居环境状况好坏与否直接影响到我国西部乃至全国国民经济和社会的发展。经济发展是人居环境可持续发展的基础和必要条件，经济发展的不持续将直接影响重庆经济的发展。

根据前文所分析的重庆经济总量较低，经济结构所存在的问题，重庆经济开发的理论模式应是非均衡开发模式。按照非均衡开发理论的三种模式，再结合重庆山区多、贫困县多、经济落后、资金严重不足的市情，我们应选择“点轴梯次开发战略模式”。第一梯次点轴开发选择：① 重庆至涪陵区；② 涪陵区至万州区；③ 重庆至黔江区，分别分为两点，两点之间连线为轴，实行点为中心，带动两点间轴线的开发战略。这样，重点把资金、技术、人才、信息连续地、高强度地投放到四个中心城市，同时又强化重庆到涪陵、涪陵到万州、重庆到黔江的陆、水、空交通、通讯、动力通道，就能达到四个中心城市同时加快发展。带动四个中心城市之间的中小城镇的经济开发与发展，经过若干年的第一梯次点轴开发战略实施后，便可进入第二梯次点轴开发战略。第二梯次点轴开发，选择：① 重庆与永川；② 重庆与合川；③ 重庆与南川；④ 万州与巫山；⑤ 万州与巫溪；⑥ 黔江与酉阳；⑦ 酉阳与秀山，各为两点，连续地、高强度地投入资金、技术、人才，加强信息建设，同时强化两点之间的水、陆、空、交通和通讯通道，这必然达到年轻直辖市全区域的经济快速增长与发展。通过前面对重庆经济可持续发展存在问题的分析，提出以下建议。

7.1.1 优化产业结构，促进第三产业发展

从第三产业的发展来看，应加强政府投资，加强现代服务业的发展。第三产业的发展水平能够体现城市化进程，是城市发展重要的支持。重庆是中国最大直辖市，也是西部重要的经济、政治和文化中心。因此，应充分利用这一优势来制定产业发展规划，产业整体发展规划关键在于立足区域资源与产业布局，引导各次产业及内部结构间按照一定方向变化，以达到协调发展的目的。重庆的产业发展规划要处理好城乡二元经济结构的协调发展，充分发挥城市产业的辐射作用和带动能力，促进农村产业的升级换代，实现“以工哺农、以城带乡”。要处理好区际产业布局，实现区县产业的均衡发展，在大力扶持产业强区（县）的同时，逐步解决三峡库区产业空洞化问题。要处

理好重化工业与一、三产业的发展关系，根据现有产业特点和经济基础，加大政策的调控力度。

对于产业结构的调整，今后重庆市第三产业结构调整的方向应从市情出发，继续加大对交通运输业的投入，大力发展商贸、服务业，提高服务质量，改善相应配套设施。同时，要大力加快通讯业的发展。大力改革旧的管理体制和投资体制。加快发展科技、教育事业，加快社会福利、保险事业的发展等。在大力发展高新技术产业的同时，重点应用高新技术改造现有企业、传统产业，继续大力发展汽车、摩托车、医药等优势产业，大力发展产业电子信息、光机电一体化、新材料、生物技术与现代医药四大高新技术产业，鼓励和引导发展环保产业和其他高新技术产品。政府应鼓励和引导民间投资城市基础设施，形成城市建设投资主体的多元格局。重庆必须及时调整产业结构，提高经济总量和效益，实现经济持续增长。首先，应推进农业适度规模经营，将剩余劳动力彻底从土地上解放出来，进行二、三产业的生产经营活动。其次，及时调整乡镇企业结构，改革传统农业，大力发展技术密集型产业，提高产品的科技含量。最后，大力发展第三产业，使资金密集型产业向技术密集型产业转移。

第三产业的发展不仅是产业结构整体提升的主要体现之一，也是增加就业容量、促进就业增长、实现劳动力转移的重要途径。大力发展第三产业，要在产业素质发展上下功夫，着重提高现有服务业的科技含量和规模效益；要支持大型商贸集团的扩张，提高行业集中度；要积极发展现代物流配送技术，改变大市场的传统经营方式，提高商贸业的技术含量；要支持高新技术在金融行业的应用，加速金融机构的市场创新；要大力发展 IT 产业，形成结构完善、运转高效的信息服务体系；要鼓励民间资本进入教育文化产业，形成多元技术培训格局。

7.1.2 发展地区优势产业，加快发展多元经济主体

重庆经济经过改革开放以来的发展，已经形成以制造、有色冶金、医药等为龙头的较为完整的工业体系。对具体各产业的发展应根据资源和经济发展而有所侧重。对现有优势产业，如汽车、摩托车、有色冶金等产业，要继续给予大力支持。对某些颇具发展潜质且代表区域产业发展方向的新兴产业，如环保、生态旅游业等，要给予重点培育。对那些专业化水平过低、污染严重、产业关联度不高的产业，如化工、造纸等，应该逐步向外转移或淘汰。

逐步降低单位 GDP 能耗，培育区域支柱产业和特色产业在全国的相对竞争优势。重庆科研机构和高校众多，智力资源丰富，要充分发挥高等学校、科研机构的创新能力，鼓励原创研究，调动创新积极性。要改造传统产业，提升产品技术含量，开发新产业和新技术，提高产业竞争力。发挥财政投资的导向作用和财政资金的直接扶持作用，带动民间资本进行新技术开发，逐步形成高等学校、科研机构、政府、各类企业共同参与创新升级的局面，推进产业结构调整升级。

随着重庆改革开放的进一步深化，非公有制经济已经对重庆的经济发展起着举足轻重的作用。加快发展多元化的经济主体，已成为推进重庆工业化进程的当务之急。要改变对非国有工业的歧视性政策，在财政、税收、工商管理、信贷、土地使用、资源开发、社会保障等方面建立非国有工业与国有工业同等的政策环境。在竞争性领域的市场上，要对非国有经济全面开放，在国有经济不必退出的公益性、基础性领域，也要吸收非国有经济进入。鼓励非国有经济租赁、承包、兼并、购买国有工业企业，实现国有经济战略性调整。通过国有经济的退出和非国有经济的发展，实现投资主体多元化、民营化。

7.1.3 打造具有突出产业的特色园区，发展循环经济

产业集群是指在某个区域中存在一些相互关联的企业，这些产业在这个区域地理上集中，同时享有共同的产业配套设施，从而减少成本。工业园区恰好满足了产业集群的要求。目前重庆共存在 43 个特色工业园区，分布在重庆各大区县。特色园区建设应根据所在地的地方资源以及产业优势，突出产业特色，例如大足工业园区五金生产业较为发达，长寿工业园则化工产业较为突出，所以应确立起与之相对应的主导产业。同时，在特色工业园区的招商过程中，应根据资源的承载力以及项目的功能定位来进行规划，给予重大项目优惠支持，也要鼓励各地培育支柱产业，形成特色经济区。

不仅如此，在特色园区的建设过程中，要借鉴山东省日照市国家可持续发展实验区的经验，发展循环经济，加强园区内的生态化改造，实现企业循环利用和园区内废物零排放，并且通过企业合作构建循环经济产业链。

7.2 资源与环境可持续发展相关对策建议

良好的生态环境，包括美学意义上的融合、生态意义上的协调、居民有

舒适的居住环境和较高的生活质量。各类污染物得到控制和防治，生态平衡保持良性循环，呈现山水田园城市风貌。建议主要从前面分析的重庆环境可持续发展中存在的大气、水环境污染较重，农村生态环境差等几个方面来改善。

7.2.1 明晰资源产权关系，通过市场调节优化资源配置

只有排他的、安全的、可流动的产权才能保障和实现投资者的利益，才能使资源得到充分合理的利用和保护，从而吸引社会投资。因此，必须采取一系列措施，首先，要明确资源的产权主体，并将这些主体人格化和实在化，从而避免重要的资源成为共享资源而被过度利用和破坏；其次，切实保障产权主体的权益，对于国家占用的资源，如占用的耕地、林区，国家必须给予补偿；最后，由于荒山、荒沟、荒丘、荒滩的治理投资回收期长，风险大，因此需要长期及稳定的产权政策进行支持。

在资源管理方面，学习以色列可持续发展经验，完善法律法规，明晰权利与义务，对稀缺资源进行统一管理。同时还要加大政府的资金与技术投入，建立专项资金保护自然资源，通过技术升级提高资源利用效率。不仅如此，还可学习吉林省白山市国家可持续发展实验区的经验，注重精深加工和提升产品档次，通过技术投入提高产品附加值。在环境保护方面，加强城市市政设施建设，建设城市生态循环系统。首先，要加强公众环保意识的宣传，借鉴上海市徐汇区的经验，通过设置绿色示范小区、组织环保活动加大公众参与程度，让人们形成自觉保护环境的意识与习惯。其次，要建设城市污染处理系统，将垃圾进行归类，并对可回收的垃圾进行循环利用。同时推动建设一批垃圾处理及再利用的企业，建成绿色产业链。最后，借鉴以色列、瑞士、美国等地的经验，政府要加大投入力度，不仅在市政实施上加大投入，还要建立起相应的机构，拓展可持续发展渠道，同时还应加大技术研发力度，通过高新技术合理规置垃圾，提高垃圾利用率。

将治理、保护生态环境与资源开发利用结合起来，如在生态林的建设中，发展果业及畜牧业，鼓励当地农民参与，在保护生态环境的前提下发展高附加值的农产品加工业，实现经济效益，在帮助当地农民创收的同时也调动起了生态建设的积极性。

不仅如此，还要树立“以防为主，防治结合”的环保观，在加强环境保护的同时，根据生态的破坏程度对生态保护区进行分类，对破坏较为严重的区域进行抢救性保护。

7.2.2 持续改善大气状况

重庆是一个老工业基地，城市生产和生活能源消费以煤为主。由于燃煤产生的煤烟型大气污染一直较为严重，它直接影响到人民群众身体健康，制约了经济社会发展，也影响了重庆改革和对外开放形象。根据多年监测表明，重庆市大气污染以煤烟型为主，主要污染物是二氧化硫和烟尘，污染物主要来源是工业和民用燃煤。持续推行清洁能源，优化能源消费结构，降低原煤消耗所占的比例，努力扩大电、天然气等清洁能源的消费量，依靠科技进步，强化节约能源，提高能源利用效率；加强工业污染防治，转变传统的经济增长方式，降低污染物排放强度，加强大型火电厂的脱硫、除尘以及低氮燃烧措施。

加强工业污染源监管力度，对大气重点工业污染源实行在线监测。加强建筑扬尘、道路扬尘为主的扬尘污染控制，建立健全扬尘污染控制的长效机制。加强道路冲洗和机械化吸尘作业，增加改性沥青路面比例，严格和规范施工扬尘、建筑渣场管理。加强机动车尾气污染治理，严格执行机动车维护、改造、报废制度，继续对出租车、公交车进行 CNG、LPG 等清洁能源改造。加强机动车的路检、年检，适当限制私家车发展，实行“公交优先”的战略。通过这些综合整治措施进行大气污染防治，重庆的大气污染突出问题将会逐步从根本上得到解决，蓝天白云在城市上空重现指日可待。

7.2.3 加强三峡库区水污染防治工作

长江是中国第一大河流，水资源丰富。对长江流域地区的经济和社会发展起着极大的支持作用。长江上游和三峡库区绝大部分面积都位于重庆境内。拥有 80%三峡库区的重庆市，每年有 13 亿立方米废水流入长江、嘉陵江。工业废水处理率约 70%，废水处理达标率约 60%，生活废水处理率极低。事实上，万州、涪陵、宜昌等沿江市、县仍会排放工业废水和生活废水进入三峡水库。三峡库区水污染的严重性不仅限于污染本身，而在于污染之后无法治理，因此必须加强三峡库区的水污染防治工作。根据国务院批准的《长江上游水污染整治规划》要求的目标，坚持可持续发展战略的原则，结合经济增长方式的转变，与调整产业结构和生产力布局相结合，把节水与污水资源化相结合，把点源治理与城市污水治理，以及面源治理相结合，把整治污水与整治城市垃圾结合起来，在采取综合措施的基础上突出重点，实现经济效益、社会效益和环境效益三者的有机统一。

1. 加强组织领导，实施流域管理

加强对全市水污染治理的组织领导，综合考虑流域水污染治理，统筹协调上游和下游的关系。对于跨行政区的河流，要建立水质目标考核制度，定期公布水环境质量，限期实现达标。

2. 狠抓重点，综合治理水污染

加快城市污水治理设施建设步伐，规划建设的三峡库区流域的城市污水处理厂要尽快启动实施，做到污染治理与三峡工程建设同步。要做好项目建设前期工作，配套建设好城市下水管网系统。要尽快建设城镇垃圾处理场。完善城镇垃圾收集和清运系统。在三峡工程蓄水前，做好库区沿岸垃圾的清运工作。

3. 加强船舶垃圾的污染防治

加强对机动船舶的监督检查，加强对船舶垃圾的收集和管理；做好化学品运输的监管，防止发生海损事故。严格控制水面“白色”污染。

4. 控制面源污染，整治次级河流

抓住西部大开发加强生态环境建设的契机，治理水土流失，加强生态农业建设，合理施用化肥和农药，适度发展人工养殖，积极控制水体面源污染。同时，开展清污分流，疏浚河底淤泥，大力实施绿化，开展次级河流污染的综合整治工作。

5. 加强环境法制建设，完善水污染防治的法规政策体系

要认真贯彻执行《中华人民共和国水污染防治法》和《重庆市三峡库区流域水污染防治条例》，依法保护水质。在划分水域功能区的基础上，确定污染物排放容量，实行水污染物排放总量控制。按照政府宏观调控和市场机制相结合原则，多渠道筹措水污染治理资金，制定适应市场经济体制的水污染防治政策。改革计划经济下的城市污水和垃圾处理投资体制，实现城市污水和垃圾处理有偿服务，全面开征城市污水处理费和垃圾处理费，逐步实现污染治理社会化。

7.2.4 改善城乡环境

按照城市总体规划要求，大力发展城市绿化。在城市发展规划中，加强

城区外围森林公园、城市公园绿地、广场绿地、居住区绿地、小区绿地等公共绿地、河流、道路两侧防护林、道路绿化以及单位专用绿地和庭院绿化建设，逐步形成完善的城市绿色斑块、绿色廊道与外围绿色空间和农田绿野基质有机联系的绿化系统，从根本上改善重庆的生态环境。绿化带的建设对改变重庆城市绿化状况，特别是促进大气环流形成与交换，减缓城市热岛效应，改善重庆的生态环境，以及对重庆城市未来的发展都具有十分重要的作用。在农村大力开展封山植树、退耕还林还草。结合新农村建设，大力推广“三改”（改厨、改厕、改卫），从而改善农村居住环境。

7.3 社会可持续发展建议

重庆的居民生活水平还处于低位，因此大力促进社会可持续发展，提高人们生活水平是犹待解决的问题。

党中央提出构建社会主义和谐社会，深得党心民心。我们所要建设的和谐社会，应该是民主法治、公平正义、诚信友爱、充满活力、安定有序、人与自然和谐相处的社会。构建和谐社会，必须维护社会稳定。稳定是和谐的前提和基础。推进和谐社会建设，就必须保持社会的平安、稳定、有序。没有稳定，构建社会主义和谐社会就无从谈起。构建和谐社会需要做很多方面的工作，涉及到教育的公平、医疗卫生保障、社会保障、居住条件的总体改善等。这大都是关乎广大民众利益的大事，而这些行业很难简单通过市场经济手段来实现，必须依赖国家和地方政府财政的大力支持和科学的管理。

保持安定有序、维护社会稳定，是最重要的工作。保持社会稳定是大局，这是我国现代化建设的一条极其重要的经验。改革开放 30 多年来，我国经济始终保持持续快速健康发展，综合国力显著增强，人民生活逐步改善，各项事业生机勃勃，国际威望不断提高。这一切都同我们的社会保持团结稳定的局面密切相关。

7.3.1 加快城市基础设施建设，大力推进新农村建设

重庆的基础设施经过直辖十余年的建设，已经取得了巨大成就。然而由于历史欠债过多，基础设施的建设仍不能完全满足经济和社会发展的需要。在一些偏远地区，基础设施还很落后。城市基础设施是人居硬环境的主要构成部分。重庆应坚持适度超前原则，规划建设道路交通、水、电、热、气等

一批基础设施重点工程，提高承载能力，增强服务功能，为居民营造良好的城市人居硬环境。确保渝怀（化）铁路、兰（州）渝铁路、三峡沿江铁路，以及重庆江北国际机场扩建和沿江港口改扩建等重点工程的顺利建设。积极构筑综合交通体系，构建以中心城区为核心，以公路、铁路、水路运输为主导，以航空运输为辅助的中心成网、外围成环、四周放射的现代化立体交通体系，使重庆成为连接东西部最重要的交通要道，西部最完善的水、陆、空立体交通枢纽。加强城市路网建设，以完善城区道路网、建设城市快速路，重点发展大容量城市公共交通，完善与新建轨道交通工程；加快城市信息化建设，加强信息基础设施建设。大力加强环境基础设施建设，大幅度提高生活污水集中处理、生活垃圾无害化处理和危险废物处置能力。同时也要加大对广大农村的基础设施建设。

建设社会主义新农村，是贯彻落实科学发展观的重大举措。科学发展观的一个重要内容，就是经济社会的全面协调可持续发展，城乡协调发展是其重要的组成部分。全面落实科学发展观，必须保证占人口大多数的农民参与发展进程、共享发展成果。如果我们忽视农民群众的愿望和切身利益，农村经济社会发展长期滞后，我们的发展就不可能是全面协调可持续的，科学发展观就无法落实。新农村建设是统筹城乡发展、构建社会主义和谐社会的内在要求。大力推进新农村建设，必将大大改善农村的生产和生活条件。在新农村建设中，居民点将统一规划，并配套相应的水、电、通讯、交通等基础设施，彻底改变以前农村“脏、乱、差”的局面，极大改变广大农村的人居环境。建设社会主义新农村对于重庆统筹城乡发展、改变目前社会“二元”结构也有重要意义。

7.3.2 继续加大对教育和社会保障的投入

“百年大计，教育为本”，对教育投入的重要性不言而喻。除了继续加大对教育特别是义务教育的投入外，更要关注教育的公平。要建立义务教育经费保障新机制，增加对义务教育的投入，可以从根本上解决学校的经费困难，进一步改善办学条件，有利于广大教师集中精力、一心一意抓好教育教学工作，全面提高教育质量。

改革开放一方面带来经济的繁荣，另一方面也不可避免带来了个人收入差距的不断扩大，使得一些民众并没有享受到经济发展带来的好处，这对社会的稳定是一个隐患。实行社会保障，必须首先建立统一、规范、完善的社会保障制度，同时还必须有充足的社会保障资金，否则，再好的社会保障制度也是一纸空文，对保障对象来说如画饼充饥。我国社会保障中的社会救济、优抚安置、社会福利包括城市居民最低生活保障等所需资金基本上是国家财政拨费，有比较可靠的保证。而社会保险，即养老、失业、医疗、工伤、生育等，在社会主义市场经济体制建立、发展过程中，改革、变化比较大，时常发生一些困难。因此在国家政策的框架下，重庆地方政府应该加大对社会保险的投入，同时对城市医疗救助、公益岗位开发、小额贷款担保、再就业培训、临时救济等方面加大投入力度，以切实解决人民群众的实际困难，真诚为广大人民群众谋利造福。社会保险不仅包含着企业与劳动者权利和义务的关系，而且更重要的是国家的职责与劳动者权利和义务的关系，政府对社会保险要负最后的责任。

7.3.3 改善医疗卫生条件

医疗卫生条件是衡量人居环境建设的重要因素之一。重庆的医疗卫生事业在直辖以来取得了一定进步。但是由于体制的原因，广大农村的医疗卫生条件投资不足，远远不能满足农民看病、保健的需要。因此必须以《中共中央、国务院关于进一步加强农村卫生工作的决定》为重点，全面推进农村卫生工作，开展新型合作医疗试点。加强农村卫生基础设施建设，建立社会化农村卫生服务网络，加大农村卫生投入；大力发展社区卫生服务，完善配套政策。加强社区卫生服务网络建设，基本实现主城区两级卫生服务体系；在条件成熟的区县开展“三位一体”的农村社区卫生服务，加强社区卫生服务规范化建设。重点加强预防保健工作，不断完善社区卫生服务功能，提高服务水平。制定并启动社区卫生服务考核评价体系，完善社区卫生服务各项制度。加大监督指导力度，通过有效的监督促进社区卫生服务质量的不断提高。

附录一

城乡一体化中推进人口城镇化可持续发展研究

城镇化是一个需要长期研究的课题，概念内涵有城镇化和城市化之分。其内容包括农村劳动力和农村人口的转移，即农村劳动力由第一产业向第二、三产业的就业转移和农村人口向城镇的空间转移；与城市建设有关的地域扩展；城市文明、城市意识在内的城市生活方式的传播等。人口城镇化是随着社会分工发展在工业化进程中出现的产物，是农村人口向城镇聚集或农村地区城镇化的过程，目前我国人口城镇化速度在世界上是最快的，且正在经历世界上有史以来最大规模的农民向城镇迁移的过程。改革开放三十余年来，我国人口城镇化率已从当年的 17.9%提高到 2012 年的 52.27%，33 年间提高了 34.4 个百分点。人口城镇化一方面带来了巨大的基础设施和城镇房地产等行业的投资需求，另一方面大量农村人口转移和生活方式变革还创造了巨大的消费需求，这些成为拉动我国经济持续快速增长的强劲动力。加快推进城镇化进程，是当前优化城乡和区域结构、扩大国内需求的最有效途径，也是加快转变经济发展方式的重要内容。改革开放以前，以户籍制度为基础，城市和农村被分割为二元社会。传统的经济发展战略则使得社会结构的城市化大大滞后于经济结构的工业化。城市居民和农村居民在就业、福利、收入水平、公共服务等方面均存在较大的差异。

改革以来的发展历程，既是纠正传统发展战略、使城市化水平补偿性地提高的过程，也是通过市场机制和发展战略等一系列手段不断打破二元结构、实现社会结构一体化的过程。党的十八届三中全会提出的新目标是："完善城镇化健康发展体制机制。坚持走中国特色新型城镇化道路，推进以人为核心的城镇化，推动大中小城市和小城镇协调发展，产业和城镇融合发展，促进城镇化和新农村建设协调推进。"

可持续的人口城镇化应该是建立在农村自身生产力发展的基础之上，农民脱离原有农村社区，选择公共服务设施更为便利的城镇聚居生活的过程。在这里，城乡协调是否使公民共享发展成果，人与自然是否协调保护环境，区位优势和制度优势是否发挥是衡量可持续人口城镇化的重要指标。

一、国内外研究评述及现状

理论界对中国国情下的城镇化问题有总体的认识和定位，大量农民返乡与中国城镇化目标是背离的，阻碍了城乡统筹。农民不能在城市定居，不利于城市工业品市场的扩大，这种两栖的城乡流动模式将进一步拉大城乡差距。以往研究多从农民流动原因和流向及其对农村造成的影响展开，从城市接纳角度研究农民问题是今后城镇化研究的发展趋势。

（一）国外研究情况

绝大多数国家不采用人口登记管理办法来限制人口迁移，因此，对改变或消除户口限制的相关研究甚少，更多的是从农民市民化角度进行人口流动研究，其研究视角主要有以下几方面。① 向城市迁移的动力机制视角，美国经济学家托达罗提出了著名的哈里斯-托达罗人口乡城迁移模型。他认为，决定一个农业劳动者是否迁入城市的原因不仅取决于城乡实际收入差距，还取决于城市的失业状况。如果农村收入水平不能提高到一定程度，城市部门中充分就业的努力就注定要失败，因为创造额外的就业机会将导致更多的移民流入城市部门。② 工业化和城市化进程视角，刘易斯指出，发展中国家农业缺乏资本投入，农村剩余劳动力规模巨大，工业部门扩张可按现行工资标准雇佣到任何数量的劳动力，获得较高的利润，扩大生产规模，对劳动力的需求又会促使农业部门的人口向城市流动。③ 社会冲突视角，国际移民理论认为，由于迁入地与迁出地的文化差异，移民往往会出现一种“非整合”现象，移民在迁入后一般表现为马赛克般的群体分割、文化多元主义和远离主体社会三种生存状态。④ 向市民转化的选择模式视角，农民市民化途径更多考虑的是个人转化为城市市民的渠道，而从整体角度考察这一问题就需要考虑农民市民化的模式问题。美国和日本在转移农业人口的同时，成功地实现了国家工业化、农业产业化和乡村城镇化，这对探索我国人口城镇化具有现实的可借鉴性。

（二）国内研究情况

中国农村劳动力大规模转移起步明显滞后于工业化，走了一条人口城镇化与工业化脱节、不同步的道路。李培林指出，农民流动不仅是劳动力流动、人口流动，同时是一种社会流动，包含地域流动、职业流动和阶层流动三方面。刘怀廉用著名的“推拉理论”进行解释：由于农村土地边际生产效益递减，对剩余劳动力产生“推力”；而工业化和城镇化进程加快，对城镇经济发展有利，产生“拉力”。在这两种力量作用下，农村剩余劳动力涌向城市。姜作培认为，人口城镇化是指借助于工业化的推动，让广大农民进入城市从事非农产业，其身份、地位及工作方式和生活方式向城市市民转化的经济社会过程。学界主要从代际特征差异角度、心理特征角度、社会资本角度和制度障碍角度等研究人口城镇化问题。

（三）重庆市城镇化现状

2013 年重庆市 1%人口抽样调查结果显示，我市的城镇化率已达到 56.98%，居西部第二，比 2011 年提高了 1.96 个百分点，全市的城镇化速度较快。常住人口增加了 26 万人，但城镇人口增加了 70 多万，两者相差约 44 万人，但仍低于乡村人口减少量 46.15 万人，人口向城市迁移的趋势非常明显。同时，我市的人口分布也呈现出两翼地区向一小时经济圈内迁移的趋势，去年一小时经济圈内常住人口同比增长 1.8%，但两翼地区常住人口均出现下降。在人口向一小时经济圈内流动的同时，主城九区中，渝中、大渡口、江北、沙坪坝、九龙坡、南岸城镇化率均接近或高于 90%，进入完全城市型社会；北碚、渝北、巴南城镇化率均高于 76%，进入高级城市型社会。主城的城镇化发展程度较高，使得主城各区城镇化速度明显放慢，吸纳城镇化人口的能力趋于饱和，因此必须着力提高城镇化质量。

主城的逐步饱和，为一小时经济圈内其他区县提供了城镇化发展的机遇。2012 年，璧山成为城镇化发展最快的远郊区县，城镇化率同比提升了 2.01 个百分点。城镇化率超过 50% 的远郊区县有 8 个，分别是万州、涪陵、长寿、江津、合川、永川、南川、綦江。除万州、涪陵是区域中心城市外，其余均在一小时经济圈内，其中最高的永川城镇化率首次突破 60%，达到 60.32%。不同区域城镇化水平差距较大，渝东北地区城镇化率为 40.44%，渝东南仅为 33.36%。两翼地区的城镇化率提高速度较快，但差距依然较大，因此，多数两翼区县都将进一步提升城镇化的水平。

二、国内人口城镇化存在的问题与原因分析

（一）国内人口城镇化存在的主要问题

1. 我国城镇化建设中人口高密度化问题凸显，人口分布不均匀程度加大

目前，我国的人口城镇化正在进行一次短期突发式的扩张。据国家统计局统计，我国人口城镇化率每年按1%以上速度递增，按照此速度，到2020年，我国城乡人口的比例将迅速出现逆转，城镇人口将占到总人口的六成。目前占据“世界城市人口头号榜”的东京人口为3 000多万，如果人口城镇化的速度继续保持如此，那么到2040年时，北京市的人口可能超过5 000万，这将在全世界是一个史无前例的数字。这种态势不仅仅会出现在北京，在上海、深圳等同样高度发达的城市，也都可能面临这种形势。当今不仅只有农民工是人口迁徙的主力，“蚁族”也成为人口迁徙的主力。按目前这种发展态势，即使北京、上海、深圳等城市的人口不会出现大规模的暴增，但人口快速增长的现象会出现在其他省会城市或其他超大城市、特大城市，而且由于城市人口的规模扩张具有惯性，扩张到一定程度后，人口规模的增长可能还会持续一段时间。

与很多超大城市和特大城市人口密度不断增加的情形相比，新疆、西藏等地人口又过于稀少。按目前的发展态势，人口分布不均衡的程度还会加剧，而且可能还将持续较长一段时间。这就造成西部地区本来就人才短缺，却又留不住人才，还难以吸引东部地区的人才；而东部劳动密集型产业迟迟不能向中西部转移。其原因在于劳动力丰裕地区剩余劳动力的转移抑制了资本丰裕地区的资本外流。这进一步加剧了东部与中西部之间经济发展的不平衡。

2. 城市生态问题比较突出

城市生态系统是随着人类的发展而形成的人工生态系统，它是城市不可或缺的重要组成部分和人类赖以生存的基础。由于经济发展的结构性问题，当今世界尤其是我国在工业化、城市化的进程中生态环境系统面临严峻的挑战，一些城市的生态问题比较突出，城市化付出了沉重的环境代价。不少超大城市、特大城市由于巨大的人口压力与城市有限的自然资源和有限的环境自净能力形成了尖锐矛盾而相继出现了资源短缺，尤以能源、土地、淡水三者最为紧张。若发展速度逼近甚至超越了城市环境的最大承载力，将给城市的资源、环境等带来巨大压力。具体而言，比如：城市污染加剧大气污染、

水域污染和垃圾污染等环境问题；城市水资源严重不足，全国 600 多个城市有 300 个是缺水城；城市建设中地下水资源的过度开采导致局部地面塌陷、沉降等地质灾害时有发生；城市土地供求紧张，近年来，全国不少超大城市、特大城市“地王”频现，房价高企，严重影响城市居民的生活质量。

3. 城乡之间发展不够协调，同时引发“城市贫民”的出现

在我国，长期以来形成了城乡居民户籍的两种身份制度及其相关的教育、就业、公共服务和财政转移等制度即“二元制度”。这种“二元制度”实质是人为把城乡分割开来加以区别对待，不仅导致了城乡居民人均收入差距日益扩大，还导致了城乡居民公共服务水平过于悬殊。例如，目前我国农村人口约占总人口的 48%，但是政府的财政支出直接用于农村人口的比重不到 20%。这种制度设计和公共财政分配的不公平性是造成城乡之间巨大差异的根本原因。城镇人均可支配收入与农民人均纯收入之比由 1995 年的 2.92∶1 不断扩大到 2000 年的 3.41∶1，2005 年的 3.13∶1，若考虑到城镇居民还享有各种福利保障和农民收入中的生产经营支出等因素，实际收入差距可能要达到 5∶1。

据统计，2004 年我国城市贫困人口有 3 000 万左右，约占城市总人口的 10%。全国各城市（镇）贫困人口的结构呈现多元化趋势，这个以下岗失业人员、大量流动人口“蚁族”和散居在城乡的残疾人、孤寡老人、部分失地农民等群体为主体的贫困阶层面临着一系列诸如就业、住房、福利等社会问题，对社会稳定和政府管治提出巨大的挑战。

（二）国内人口城镇化发展中产生问题的原因分析

1. 对城市本身的定位不准确，盲目建设大城市或国际性城市

城市定位决定一个城市的经济发展水平、城市发展方向和发展的各项举措。科学的城市定位，对于一个城市最大限度地聚集资源，最优化地配置资源，最有效地转化资源，最有效地制定战略，最大化地占领目标市场，从而最有力地提升城市竞争力具有重要意义。相反，城市定位不准，就会丢掉特色，迷失方向，丧失自身的竞争力。在城镇化的过程中，我国很多城市的发展定位主要表现出三个方面的问题：相当一部分城市目标定位趋同，结果造成各个城市产业严重同构，导致城市间恶性竞争，城市竞争力被削弱；城市定位求高求大，动不动就要建“国际化大都市”，普遍追求“国际化”；城市定位求全，有的城市从经济到政治再到文化无所不包，从金融到旅游业样样条件具备，制造业和纺织业都是重点等。一个城市的发展必须要有区域协调

发展的战略思维，只有同周边城市既分工又合作，通过互惠互利，才能实现最优发展。

2. 城乡分割体制是推进人口城镇化的重要体制障碍

城乡二元体制已成为我国经济和社会发展中的一个严重障碍，主要体现在两种不同资源配置制度，城乡之间的户籍壁垒以及在此基础上的其他问题。①存在两种不同的资源配置制度。我国社会中的资源在改革前完全通过行政手段再分配，并不是由市场来进行配置的。比如从教育和公共设施方面的投入来讲，城市中的教育和基础设施，几乎是由政府财政投入的，而农村中的教育和设施，政府的投入则相当有限，有相当一部分要由农民自己来负担。②以户籍制度为基础的城乡壁垒，实际上是将城乡两部分居民人为分成了两种不同的社会身份。与目前城镇居民每年获得的国家提供的上千亿元的各类社会保障（养老、医疗、失业、救济、补助等）相比，农民生老病死伤残几乎没有任何保障。因此，目前我国的城镇化过程，在吸纳农村人口和覆盖城乡的人口结构转变方面还难以奏效，必须打破城乡二元结构，实行城乡一体化发展。

3. 土地管理制度的缺陷，造成部分城市“间城镇化”

在我国，国家实行两种形式的土地公有制即国有土地和农村集体土地。按常理，这两种土地所有制应该是平等的。然而，在实际操作中，我国法律规定只有国有土地才能直接进入商业出让市场，农村集体土地只有通过国家征用变成国有土地后才能进入市场。从现有的征地制度来看，与国有土地相比，农村集体土地的权利受到限制，一些地方政府通过利用不合理的土地法律与规章，以较小的成本获得大量的土地储备，给地方政府带来了财源。这种土地管理体制，使部分地方政府依靠土地增值攫取了大量利益，引发了一些地方政府的圈地冲动。城镇化由地方政府推动，这种政府主导型的城镇化存在着许多问题，如大量农民失去土地，生活水平不仅没有提高，反而下降。因此，必须加快实现土地征用市场化和允许农民在集体土地上自主推进城镇化。

三、重庆推进人口城镇化改革的必要性

（一）是重庆实现“科学发展，富民兴渝”的必然选择

重庆的城市发展已经离不开农村转移劳动力，但是以往城市只把他们看

成劳动要素，不承认农村转移劳动力及其供养人口的城市居民身份并给予他们理应享受的城市公民待遇，导致城市中出现一个庞大的贫民阶层。

据调查，2010年重庆有63.84%的农民工与人合租或住工棚、宿舍，仅有7.44%自己买房住；51.76%的民工居住面积在10平方米以下，5平方米以下的也占到总人数的15.53%。高达57.61%的人认为在城市工作幸福状况一般，甚至有14.40%的人认为不幸福或很不幸福；近8成民工子女留守农村；有31.48%被调查者为个人进城，夫妻分居，36.94%带子女一起进城，父母随行的仅占17.28%。新生代农民工犯罪有向群体事件发展的趋势，“打工苦，打工累，不如混混黑社会”的黑白颠倒价值观蔓延；“80后”“90后”城市社会保障和救助缺失、城乡文化冲突，常年被边缘化导致道德畸形，贫富差距带来巨大的心理失衡，市民歧视与都市诱惑，人生扶栏面临崩塌，这些都成为城市潜在的极不和谐因素。

重庆市第四次党代会提出“奋力开创科学发展、富民兴渝的新局面”，要在西部率先实现全面建设小康社会的发展目标。建设和谐社会，实现公平正义的法制社会和共同富裕应是题中之意。由上述调查不难看出，农村转移劳动力及其供养人口城市化是关系社会稳定的基本问题，也是关系“科学发展，富民兴渝” 能否实现的重大问题。

（二）是解决“三农”发展问题的需要

改革开放以来，已有60%的农村劳动力逐步转出农村；联产承包责任由30年不变改为长期不变，目前40%左右31岁以下的农村人口没有土地；1980年联产承包责任制以来，已有50%的承包人死亡或超过劳动年龄；农村转移劳动力60%在农村改造宅基地同时空置；农村人口在公共用地严重不足的情况下人均占有150～180平方米建设用地（城市人口人均为90～100平方米）；耕地长期撂荒；农村劳动力平均年龄已经达到66岁，留守老人儿童粗放经营土地仍享受粮食种植补贴；转移劳动力国民经济贡献在城市，但他们及其供养人口的社会福利保障责任全在农村等现状导致农村经济发展迟缓、社会萧条，早已严重制约了“三农”发展。

通过城市化，并重点推进农民工及其供养人口城市化，能够解开“三农”的发展死结。城镇化可以将农民工及其供养人口的国民收入再分配责任转向城市，让留守农村的人口享受自己创造的国民财富，减轻农村社会负担；可以让农民工及其供养人口退出宅基地和耕地，让农村经济获得发展资源，为农村市场经济体制改革和社会资本进入农村重组农村资源创造环境和条件。

（三）是实现农村转移劳动力及其供养人口自身全面发展的需要

农村转移劳动力在城市长期稳定就业以后，应该由城市保障其享受诸多基本权利，以实现个人生产及再生产（老人及子女）发展。首先，这是农村转移劳动力及其供养人口应享有的基本公民权利。农民工在城市就业，其长期经济（财政税收）贡献在城市。按照国民经济分配的基本政策，农民工及其供养人口在城市参与再分配（享受社会福利与保障，享受所有公共服务）是其基本权利。其次，这是实现农村转移劳动力及其供养人口城市享受政治权利的需要。因此，转移劳动力要求通过城市化赋予他们在城市享有宪法和法律的所有权利，促进其自身素质的提高。这也是实现人的全面发展所必需的。

四、重庆市人口城镇化基本思路

促进农民工及其供养人口市民化，就是要消除“农民工”这个概念下的人群，同时构建农民工进城与返乡的各项保障制度的双向流转通道，实现人口城镇化、城乡统筹、“三农”协同发展。城市化建设基本思路是户籍改革与相关政策制度同时推进，城市与农村协同推进。其中，首要问题是厘清中国城乡二元制度体系内容，解析制度之间的关联关系，快速推进农民工市民化综合配套制度改革，继而全面实施农村综合配套体制改革，最终实现城乡一体化目标。

（一）在城市方面

主要推进农民工进城子女入学、进城农民工老人的医疗、养老保障优惠政策，明确农民工进城后的养老保障和医疗保障制度，加快重点针对农民工的保障性住房（经济适用房、廉租房、公租房、限价房制度）体系建设、与之配套保障性住房建设管理制度和土地制度建设等。这一系列的政策制度的建立和完善旨在解决农民工进城后的农村享受的住房福利得到有效续接；满足农民工在城市“居者有其屋”的财产需求；确认农民工进城以后的养老保障；根本解决农民工子女入学问题；落实农民工在城市的工伤、医疗保障；实现农民工失业救助，等等。

（二）在农村方面

配套推进联产承包责任考核制度，推进农村土地有效利用；建立农民工联产承包责任退出机制；建立返乡农民工承包准入机制；推进农村承包责任60岁退休制度建设；配套推进农村养老保障制度建设；提高农村医疗保障制度建设水平；健全农民工农村宅基地改造审核审批制度；推进农村保障性住房建设；进行农村保障性住房的土地国有化征用制度，推进农村规划和建设制度改革，确保农村保障性住房科学管理；推进农村产权制度改革，实现农村市场化经济体制建设；以农村保障性住房土地国有化为突破口，开放农村建设市场。这一系列措施旨在解决农民工撂荒土地问题，盘活农村土地资源；退却农村土地养老功能和六十岁以上就业的保障功能；解决农民工进城在住房、就业方面的顾忌；实现农村土地的资本价值，提高农民工积蓄的经济价值，为农村获得发展准备条件；推进农村集体资产清理，为下一步农村集体经济产权制度做好改革准备，较少农民工在农村建设空置房形成资金、土地的浪费。

（三）在城乡对接方面

一是大胆探索以农村建设用地国有化征用和划拨回农村的制度，保证农村有足够的国有土地资源撬动农村保障性住房建设，也让农村保障性住房与城市保障性住房管理上对接；通过农村保障性住房制度改革，逐步推进农村住房市场的开放与开发。二是推进城乡社会保障对接制度。三是推进省级行政区内农民工城乡户籍流动制度。

五、重庆市人口城镇化道路的选择——在城乡一体化建设中着力推进可持续人口城镇化

中国共产党十八届三中全会提出：“城乡二元结构是制约城乡发展一体化的主要障碍。必须健全体制机制，形成以工促农、以城带乡、工农互惠、城乡一体的新型工农城乡关系，让广大农民平等参与现代化进程、共同分享现代化成果。要加快构建新型农业经营体系，赋予农民更多财产权利，推进城乡要素平等交换和公共资源均衡配置，完善城镇化健康发展体制。”

（一）城乡一体化是我国着力推进农村人口城镇化，统筹解决人口问题的必然趋势和必然选择

1. 国外城乡一体化的经验与借鉴

国际城镇化发展的经验表明，在推进城镇化过程中忽视农业的发展，导致城市周围形成大量的贫民窟，这种城镇化的发展是不可借鉴的。农村建设和城镇化是相辅相成的，必须实施城镇化与新农村建设“两条腿同时走路”，处理好城镇发展与农村发展的关系。

美国的城乡差别很小，在城乡一体化过程中，主要通过市场调节的方式来促进城郊和农村经济社会发展，以缩小城乡差异。比如，通过立法来确保城乡居民均等的受教育机会；再如，实行差异化的税收，在消费税上向城郊和农村地区倾斜。法国在城市化进程中实行“扁平化”策略。城市建筑低矮化，以降低城市人口密度和由此带来的交通拥堵等问题。鼓励年轻人留在农村，避免农村“空壳化”和人口“老龄化”。英国政府也很注意城乡一体均衡发展，对城镇化过程中造成的区域经济发展不均衡的问题采取始终扶持北部地区发展的策略，对出现的郊区化趋势，政府采取设置环城绿化带和建设新城的城市规划政策，较为成功地遏制了大城市的无序蔓延。

2. 我国城乡一体化的探索与实践

城乡一体化是以城带乡为手段，以乡村发展为重点，以最终实现城乡和谐发展、共同进步为目标，在一定的时代背景中，把“工”与“农”“城”与“乡”“市民”与“农民”作为一个整体，统筹谋划、通盘考虑，通过体制改革和政策调整，改变和摈弃长期形成的重城市、轻农村的城乡二元经济结构，实现城乡规划与建设、公共服务和社会保障均等化，市民和农民主体地位平等化，使城乡经济社会全面协调和可持续发展。2008 年召开的党的十七届三中全会就已将从现在至2020年基本建立城乡经济社会发展一体化体制机制列为农村改革发展的基本目标之一。

我国目前正在推进的城乡一体化是单向的。而经济学家厉以宁提出了中国城乡一体化改革的新思路——实现“双向城乡一体化”。所谓双向城乡一体化是指农民和城市居民可以相互流动，农民可以迁往城市居住，在城市从事有关工作，而城市居民也可以到农村居住，在农村经营企业或从事其他工作。当前我国城乡一体化面临多方面的体制障碍，包括农村产权制度、土地承包制度、农民就业环境和农民社会保障缺失等，城乡一体化最困难的是就业、失业失地农民社会保障问题。厉以宁提出解决这些制度障碍，应允许承包土

地使用权和宅基地使用权的入股、置换、抵押或转让，只有这样，农村才有资本和融资渠道，也才会出现农民带资进城，城里人带资带技术下乡的现象。在农村承包土地被允许流转之前，农村的很多项目如盐碱地的改造、荒山河滩的治理、乡村公路等基础设施建设等被认为没有投资价值，而这些都会因承包土地使用权的流转而成为城里人新的投资热点。此外，农村抛荒问题在一些地方比较严重，土地流转后，可以解决“有田无人种、有人无田种”的问题。双向城乡一体化的推进，一方面，可使农民“带资进城”，加快了城镇化建设；另一方面，城里愿意迁到农村的个人和企业也可以如愿以偿，“带资带技术下乡”，在乡下生活、工作、投资。城乡分割的户籍制度将随之取消，代之以全国统一的身份证制度。随着双向城乡一体化的推进和人口集中到一定程度后，服务业的不同领域之间可以相互创造需求，相互创造就业岗位。一方面，城乡居民对餐饮、音乐、图书、旅游、健身、新媒体、心理咨询等全方位的生活性服务需求不断增加；另一方面，一些适应新的消费需求的生产性服务业如物流、商务、金融、保险也开始加速发展，这将对提高人民生活质量、拉动经济增长和创造就业机会发挥重要作用。

在推进城乡一体化的过程中，对因承包地或宅基地被征用或收购而失去土地的农民应建立稳定的个人社会保障账户。农民个人社会保障账户资金由“三点”构成，即政府从土地转让所得的资金中“拨一点”、得到了补偿费的农民从自己所领到的补偿费中“划一点”以及由得到土地的开发商、企业或建设单位“交一点”，而且这“三点”资金都必须是强制性交纳的。此外，可考虑试行土地入股保险制度来防止农民土地入股后因经营不善破产的风险。国家开设专营农民土地入股的保险业务，农民定期交纳保险费，若因市场风险而导致倒闭了，保险公司给土地入股的农民以一定的补偿，以减少他们的损失。

城乡一体化是一项重大而深刻的社会变革，是推进农村人口城镇化的重要途径和战略行动，而农村人口城镇化又是建设城乡一体化的根本目的和核心目标。因此，笔者认为在推进农村人口城镇化中，实行城乡一体化建设是历史的必然趋势和各级政府的必然选择。

（二）重庆市推进可持续人口城镇化是统筹城乡发展的基础与机遇

加快发展需要改革，这为重庆开展改革试验提供了内在需求。胡锦涛总书记“314”总体部署为重庆导航定向，要将重庆建设成为西部地区的重要增长极、长江上游地区的经济中心、统筹城乡发展的直辖市，新的形势和更高的要求催人奋进，加快发展和率先实现全面小康的殷切期望给重庆提出了崭新目标。要实现加快发展，必须以改革为动力，突破割裂城乡发展的体制机制障碍，创造有利于城乡共同发展的政策和制度环境，才能吸引、聚集各种资源，充分发挥好市场配置资源的基础性作用，使之服务于重庆的统筹城乡发展。

中央关心支持改革，为重庆开展改革试验提供了强大动力，2011 年 3 月，胡锦涛总书记对重庆提出了通过深化改革实现加快发展的总体要求；6 月，国务院同意国家发改委批准重庆、成都设立全国统筹城乡综合配套改革试验区，要求全面推进各个领域的体制改革，并在重点领域和关键环节率先突破；7 月，胡锦涛总书记来渝视察进一步嘱托重庆要下大气力搞好统筹城乡综合配套改革试验；9 月，国务院批准的《重庆市城乡建设总体规划》，成为全国首个将城与乡统筹考虑的总体规划；国务院扶贫办、商务部、信息产业部、环保总局、海关总署等中央各部委都纷纷支持重庆推进统筹城乡的改革试验。这些都将成为推动重庆加快统筹城乡综合配套改革试验的重要力量。

社会各界投身改革，为重庆开展改革试验打下了群众基础。重庆成为全国统筹城乡综合配套改革试验区使全市人民受到极大鼓舞，全市上下参与试验区改革发展的热情高涨，打下了坚实的群众基础；同时国内外企业、媒体更加关注重庆，众多企业、集团、机构看好重庆发展，纷纷来渝置业、投资，洼地效应明显。重庆开展统筹城乡改革试验得到全国各方面的共识，易于得到各方支持，也有利于抢占改革先机，获得发展先机。

六、重庆市可持续人口城镇化综合配套战略重点

以推进福利制度为基本思路，以公共财政体制改革为支撑，城乡各司其职，同时也城乡联动，全面实施城乡统筹综合配套体制改革。

（一）推进城乡统筹的财政体制改革

财政体制改革是城乡统筹的核心与动力。公共财政体制建设关键是建立城乡公共服务和公共资源差距缩小的制度体系，确保尽快弥补农村贫困地区长期以来公共服务与城市的差距，进而与城市同步发展。

财政制度改革基本思路是上下联动，里外互动，循序渐进、系统配套。一是进行公共财政制度改革的战略研究、规划编制和实施方案研究，确立城乡统筹公共财政制度建设的可行性，阶段步骤和实施方案。二是进一步调整分级财政体制的分配方案，逐步加大农村地区财政留成比例、降低城市地区

的财政留成比例，或加大城市地区的财政解缴数量。三是加大农村地区的预算管理审核的同时，放缓减少行政层级的措施，确保地区基本公共服务能力不至于下降。四是进行户籍制度改革，推进农村转移劳动力的城市化进程，让城市地区履行对该人群的公共服务义务，减少农村地区公共服务人口负担。五是加大专项转移支付，弥补长期以来农村地区在基础设施、教育、卫生等基本公共资源的缺失。六是逐步减少专项转移支付的比例，加大一般性转移支付的比例，确保农村基本公共服务稳定发展。七是逐步调整“三不变”的财政制度，将落后地区的农村基本公共服务的提供主体逐步调整到市、区（县）两级政府。

（二）推进城乡一体化的保障性住房制度建设

据调查，农民工购买商品房的意愿不强，因此要在城市加快公租房建设，拓展针对农民工的经济适用房、自建房建设。同时，利用农村富余的建设用地资源，参照城市保障性住房开发模式，建立与现代农村发展相适应，促进农民工进城的农村住房保障体系。

1. 强化政策刺激，建立农民宅基地退出机制

按照当前重庆市农民工退出宅基地的办法，进行农村宅基地拆迁与补偿。重庆江北区试点看，每人可以获得 11 万补偿金。

2. 建立城市保障性住房体系

一是继续推进公租房制度建设，为中等以上收入的暂住人口临时居住。二是试点让企业推进农民工集资建房，实现农民工自我住房价格控制。三是试点推进农民工经济适用房建设，政府控制农民工住房价格。四是进一步推行廉租房建设，让经济收入低买不起房并随时可能返乡的农民工居住。

3. 建立农村保障性住房体系

一是实施农村建设用地整治、国有化征用和划拨制度，为农村保障性住房提供国有土地资源；以配套国有土地提供为途径，为农村保障性住房提供资金来源。二是继续推进 “巴渝新村”“居民新村”等形式的农村经济适用房建设，一方面让农村居民集中居住，改善居住环境；另一方面合理预留经济适用房，为返乡农民工提供住房，让进城农民工摆脱对农村宅基地的依赖。三是参照城市公租房建设模式，在乡镇城镇少量开发农村公租房，为返乡农民工和探亲农民工临时居住做准备。四是建设农村廉租房，实现农村危房改

造工程和完善农村住房救助。

4. 建立城乡保障性住房统一管理机制

一是继续推进保障性住房专业管理机构建设。二是建立健全保障性住房审核、审批管理制度。三是建立城乡统一的保障性住房建设标准。四是严格城乡保障性住房建设的监督。五是建立城乡保障性住房结转制度。六是建立城乡一体化的保障性住房的土地管理制度，确保农村土地利益由农民获得。七是建立城乡一体化的保障性住房的规划。

（三）建立农民土地承包考核、退出和准入联动机制

农村劳动力大量进入城市，导致农村土地撂荒；因为实施生不补充、死不退还的承包责任制度，导致大量土地与人口脱离。这些都使土地的养老保障、就业保障功能严重退化，也使土地的生产要素功能弱化。

1. 建立农民联产承包考核制度

因为20世纪80年代土地承包责任人中，当时30岁以上年龄人口现在都在死亡或退休年龄，30岁以下年龄人口60%以上现在成为农民工离开土地，农村承包地与人口分离严重。为了提高农村耕地利用效率，在农村联产承包责任制度不变的前提下，实施联产承包责任考核制度，考核土地经营绩效。

2. 建立农民联产承包退出制度

让长期无法对承包地进行认真、科学经营的农民工将土地退回村集体，进行流转经营。

3. 建立返乡农民工土地联产承包准入制度

给予返乡农民工土地流转优先权，解决其后顾之忧，可以安心进城。

（四）多管齐下，做好“四同步”，提高人口城镇化水平

人口城镇化水平是反映一个国家或地区社会经济发展的一个重要指标。人口城镇化包括人的思想观念、生活方式、消费方式、行为方式和文明礼仪等各方面的城镇化。如何提高准市民的素质，笔者认为可以采取这样一些措施：

1. 移民与培训同步

采取多种方式对准市民进行培训，使其从农民到市民跨好第一步。一是

依托各类社会资源搞培训。如各城镇利用农广校、职业中学对准市民开展培训。二是区分层次搞培训。针对未受过较高程度教育的准市民进行建筑工程、餐饮服务、家政服务等方面的技能培训。三是搞订单式培训。积极通过中介组织等与用工单位联系，了解用工信息，并有针对性地开展订单式培训。

2. 创业与就业同步

加强创业者协会建设，培养创业致富典型。政府大力加强科技信息服务网络建设，为准市民提供快捷、方便、准确、可靠的技术信息等服务。建立劳务中介等组织，随时帮助准市民创业和就业。通过继续壮大劳务中介的经营规模和扩大经营领域，多方寻求劳务输出。

3. 经济与文化同步

城镇文化越来越成为满足市民精神期待的重要保证，要以文化活动为载体，抓好公共文化设施如文化站、图书馆、电视广播、宽带服务等设施的力度。广泛动员和组织市民参与各种喜闻乐见的文化活动，通过各种活动吸引市民群众参与其中，对市民群众自身素质就会产生潜移默化的影响。

4. 教育与管理同步

城镇建设中，对所有人口都要加强教育与管理，两手都要硬。一方面要对市民加强引导教育，如组织市民群众对损害公共设施和破坏公共秩序等行为进行劝阻，达到自我教育目的。另一方面要严格管理，主要指对社区治安、计划生育、交通出行、公共卫生、市场秩序等方面的管理，公安、计生、交通、卫生、工商等部门责任重大。可通过创建“文明城市”“卫生城市”和“文明市民”等工作，提高市民文明素质，使城市生活更美好。

纵观国际国内城镇化过程，历史经验表明，在城镇化迅速发展的阶段，必须重视城乡的协调发展，否则快速的城镇化也会产生一系列不良的后果。正是在这种背景下，解决中国长期存在的“三农”问题，打破城乡二元结构，已经成为促进经济持续发展和社会和谐稳定的必然要求。城乡一体化是我国着力推进农村人口城镇化，统筹解决人口问题的必然趋势和必然选择。

总之，建立以人为本的新型城镇化既需要我们建立吸引人才的优势制度，又要求我们创建留住人才培养人才的制度环境。具体说来就是：一是逐步放宽户籍落户制度。二是加快推进户籍管理制度改革，建立以居住地为标准划分城镇人口与农村人口的户籍登记制度，逐步实施以居民身份证为主的证件化管理制度，逐步恢复城乡居民的自由迁徙权利，以此来留住人才。三是大力推进法治化和文化建设。一方面，约束政府的权力有所为有所不为；另一方面，大力发掘悠久的传统文化，培育有地方特色的文化氛围，为人才的培养创造条件。优良环境和制度优势是可持续人口城镇化的必备条件。

附录二

重庆市宜居环境竞争力评价指标体系及评价标准

重庆市宜居环境竞争力评价指标体系分为城市和集镇村庄两部分。“重庆市宜居环境竞争力评价指标体系（城市部分）”共包括 32 项指标，其中主观指标 11 项、客观指标 21 项；“重庆市宜居环境竞争力评价指标体系（集镇村庄部分）”共包括 14 项指标，其中主观指标 1 项、客观指标 13 项。

“重庆市宜居环境竞争力评价指标体系评价标准”实行百分制，总分 100 分；累计得分高于 85 分为“好”；累计得分在 70～85 分为“较好”；累计得分在 60～70 分为“一般”；累计得分在 40～60 分为“较差”；40 分以下为“差”。

一、指标项设置

（一）重庆市宜居环境竞争力评价指标体系（城市部分）

1. 住宅指标（权重 0.3）30 分/100 分

（1）住房保障（权重 0.2）6 分/100 分。

① 人均住房建筑面积（平方米/人）（权重 0.33）2 分/100 分。

标准值：26 平方米。

② 房价与收入比（权重 0.33）2 分/100 分。

标准值：5。

③ 政府保障性住房占住房建设总面积的比例（%）（权重 0.33）2 分/100 分。

标准值：25%。

（2）住房品质（权重 0.33）10 分/100 分。

① 住宅成套率（%）（权重 0.2）2 分/100 分。

标准值：100%。

② 市民对住宅建筑环境的满意度（%）（权重 0.2）2 分/100 分。

标准值：100%

③ 市民对住宅功能空间的满意度（%）（权重 0.2）2 分/100 分。

标准值：100%。

④ 住宅执行建筑节能标准情况（执行节能标准建筑占总建筑面积的比）（%）（权重 0.2）2 分/100 分。

标准值：100%。

⑤ 住宅建筑智能化水平（%）（权重 0.2）2 分/100 分。

标准值：100%。

（3）社区品质（权重 0.47）14 分/100 分。

① 住宅物业管理覆盖率（%）（权重 0.143）2 分/100 分。

标准值：100%。

② 拥有人均 2 平方米以上绿地的居住区比例（%）（权重 0.143）2 分/100 分。

标准值：100%。

③ 社区商业中心服务半径 500～1 000 米商业设施的覆盖率（%）（权重 0.143）2 分/100 分。

标准值：100%。

④ 市民对社区公共服务设施的满意度（%）（权重 0.143）2 分/100 分。

标准值：100%。

⑤ 市民对社区景观的满意度（%）（权重 0.143）2 分/100 分。

标准值：100%。

⑥ 邻里关系满意度（%）（权重 0.143）2 分/100 分。

标准值：100%。

⑦ 市民对物业管理服务满意度（%）（权重 0.143）2 分/100 分。

标准值：100%。

2. 公共空间（权重 0.3）30 分/100 分

（1）开敞空间（权重 0.667）20 分/100 分。

① 城市毛容积率（权重 0.25）5 分/100 分。

标准值：0.85。

② 人均城市建设用地面积（平方米/人）（权重 0.25）5 分/100 分。

标准值：80 平方米。

③ 人均绿地面积（平方米/人）（权重 0.25）5 分/100 分。

标准值：10 平方米。

④ 人均广场面积（平方米/人）（权重 0.25）5 分/100 分。

标准值：0.6 平方米。

（2）建设品质（权重 0.333）10 分/100 分。

① 市民对城市标志性景观的认可度（%）（权重 0.50）5 分/100 分。

标准值：100%。

② 市民对城市公共空间建设的满意度（%）（权重 0.50）5 分/100 分。

标准值：100%。

3. 生活服务设施指标（权重 0.4）40 分/100 分

（1）商业设施（权重 0.2）8 分/100 分。

① 人均商业设施面积（平方米/人）（权重 0.5）4 分/100 分。

标准值：1.2 平方米。

② 市民对商业设施的满意度（%）（权重 0.5）4 分/100 分。

标准值：100%。

（2）文化设施（权重 0.175）7 分/100 分。

① 百万人拥有图书馆、群艺馆、科技馆等场所的个数（个/百万人）（权重 0.57）4 分/100 分。

标准值：30 个。

② 市民对休闲娱乐的满意度（%）（权重 0.43）3 分/100 分。

标准值：100%。

（3）环保设施（权重 0.4）16 分/100 分。

① 空气质量好于或等于二级标准的天数（天/年）（权重 0.25）4 分/100 分

标准值：365 天。

② 污水集中处理率（%）（权重 0.25）4 分/100 分。

标准值：100%。

③ 生活垃圾无害化处理率（%）（权重 0.25）4 分/100 分。

标准值：100%。

④ 噪声达标区覆盖率（%）（权重 0.25）4 分/100 分。

标准值：100%。

（4）市政设施（权重 0.225）9 分/100 分。

① 市政设施普及率（%）（权重 0.333）3 分/100 分。

标准值：100%。

② 市民对市政（水、电、气、电视、因特网）服务质量的总体满意度（%）

（权重 0.333）3 分/100 分。

标准值：100%。

③ 万人拥有公共厕所数量（个/万人）（权重 0.333）3 分/100 分。

标准值：4 个。

（二）重庆市宜居环境竞争力评价指标体系（农村部分）

农村部分用于考核集镇村庄宜居建设成效。集镇村庄指乡镇政府所在地和 20 户以上的村民聚居点。

1. 住宅指标（权重 0.4）40 分/100 分

（1）砖混结构以上住房比例（%）（权重 0.25）10 分/100 分。

标准值：100%。

（2）人均砖混结构住房面积（平方米/人）（权重 0.25）10 分/100 分。

标准值：40 平方米。

（3）户用卫生厕所普及率（%）（权重 0.25）10 分/100 分。

标准值：85%。

（4）巴渝新居推广率（%）（权重 0.25）10 分/100 分。

标准值：80%。

2. 公共空间指标（权重 0.30）30 分/100 分

（1）乡村干道通达率（%）（权重 0.333）10 分/100 分。

标准值：100%。

（2）乡村干道硬化率（%）（权重 0.333）10 分/100 分。

标准值：100%。

（3）公共空间满意度（%）（权重 0.333）10 分/100 分。

标准值：100%。

3. 生活服务设施指标（权重 0.30）30 分/100 分

（1）文化设施覆盖率（%）（权重 0.133）4 分/100 分。

标准值：100%。

（2）商业服务设施覆盖率（%）（权重 0.133）4 分/100 分。

标准值：100%。

（3）电视、电话覆盖率（%）（权重 0.167）5 分/100 分。

标准值：100%。

（4）清洁能源普及率（%）（权重 0.133）4 分/100 分。

标准值：65%。

（5）卫生用水覆盖率（%）（权重 0.167）5 分/100 分。

标准值：100%。

（6）生活垃圾定点存放清运率（%）（权重 0.133）4 分/100 分。

标准值：100%。

（7）生活污水处理率（%）（权重 0.133）4 分/100 分。

标准值：90%。

二、指标项说明及计算

（一）重庆市宜居环境竞争力评价指标体系（城市部分）

1. 人均住房建筑面积

指城市居民人均占有的住房建筑面积，反映城市居民住房保有情况。计算式为：

人均住房建筑面积=住房建筑总面积÷城市常住居民人口数

2. 房价与收入比

指一个地区的住房平均价与家庭年平均收入的比值，反映了居民家庭对住房的支付能力，比值越高，支付能力就越低。计算式为：

房价收入比＝每户住房总价÷每户家庭年总收入

其中：① 每户住房总价＝人均住房面积×每户家庭平均人口数×单位面积住宅平均销售价格。② 每户家庭年总收入＝每户家庭平均人口数×家庭人均全部年收入。

3. 政府保障性住房占住房建设总面积的比例

指一个地区的政府保障性住房建设量与住房建设总面积的比值，反映城市住房保障体系的覆盖率。计算式为：

政府保障性住房占住房建设总面积的比例=廉租房、经济适用房（含农民工宿舍）建筑面积÷住房建筑总面积×100%

4. 住宅成套率

住宅成套率是衡量居民住宅质量和居住品质的重要指标之一。计算式为：

住宅成套率=成套住宅建筑面积÷居住建筑总面积×100%

5. 市民对建筑环境的满意度

反映了住宅室内自然采光、自然通风、声环境（取决于墙体隔声，楼板隔声，户门隔声，对管道，电梯等设备的隔声）等各项舒适性指标的质量。满意度为主观性指标，主要通过调查计算得出，计算式为：

满意度=（满意人数×100+较满意人数×80+一般满意人数×60+不太满意人数×40+很不满意人数×20）÷调查样本数量×100%

6. 市民对住宅功能空间的满意度

反映市民对住房功能空间合理性、单元平面组合的合理性、无障碍设计、房间进深与层高的比值、厨房和卫生间的规模、尺度以及行为的适应性、住宅的可改造性（开间）等住宅功能空间的满意程度。满意度为主观性指标，主要通过调查计算得出，计算式参照“市民对建筑环境的满意度”指标。

7. 住宅执行建筑节能标准情况

反映住宅建筑执行国家及地方建筑节能相关法规的情况。计算式为：

住宅执行建筑节能标准情况=执行重庆市现行居住建筑强制性节能设计标准的建筑面积÷居住建筑总面积×100%

8. 住宅建筑智能化水平

反映智能化系统涵盖安全防范（周界防范、闭路电视监控、电子巡更、可视对讲、家庭安防报警）、信息管理（停车场管理、公共设施监控、能耗表远程抄收与管理、紧急广播及消防系统、管理信息系统等）及信息网络（电话、电视、高速宽带数据网及宽带光纤接入网）等在住宅建筑上的运用情况。计算式为：

住宅建筑智能化水平=使用了智能化安全防范、信息管理、信息网络这三类智能设备的住宅建筑面积÷居住建筑总面积×100%

9. 住宅物业管理覆盖率

该指标是衡量居民居住水平的重要指标。计算式为：

住宅物业管理覆盖率=物业管理住宅建设面积÷住宅建设总面积×100%

10. 拥有人均2平方米以上绿地的居住区比例

指人均占有绿地情况，是反映居民生活开敞空间环境质量的重要指标。计算式为：

拥有人均2平方米以上绿地的居住区比例=人均绿地面积大于2平方米的居住区数量÷居住区总量×100%

11. 社区商业中心服务半径500～1 000米商业设施的覆盖率

反映社区居民购物的便捷度。计算式为：

覆盖率=社区商业中心服务半径500～1 000米的居民户数÷社区总户数×100%

12. 市民对社区公共服务设施的满意度

反映社区居民对住宅小区的功能服务设施（包括商业、医疗、活动）等设施的满意情况。满意度为主观性指标，主要通过调查计算得出，计算式参照“市民对建筑环境的满意度”指标。

13. 市民对社区景观的满意度

反映住宅小区的景观建设品质。满意度为主观性指标，主要通过调查计算得出，计算式参照“市民对建筑环境的满意度”指标。

14. 邻里关系满意度

反映社区邻里关系相关因素（包括邻里的友好程度、互助程度，居住区居民的自豪感、安全感）的建设现状及质量。满意度为主观性指标，主要通过调查计算得出，计算式参照“市民对建筑环境的满意度”指标。

15. 市民对物业管理服务的满意度

物业管理与居住密切相关，也是居住现代化的一种标志，物业管理服务好，人民群众居住得就舒心、放心，整个城市也就更加宜居。该指标主要反映小区物业管理服务（如垃圾收集处理，路灯等情况）水平。满意度为主观性指标，主要通过调查计算得出，计算式参照“市民对建筑环境的满意度”指标。

16. 城市毛容积率

该指标是针对重庆主城区过高过密的城市整体建筑环境现状而设计的。重庆要建设宜居城市，首先要降低容量、疏散人口。该指标用于综合反映城市建筑容量。计算式为：

城市毛容积率=城市建设总面积÷城市用地总面积

17. 人均城市建设用地面积

反映城市用地承载力水平。计算式为：

人均城市建设用地面积=城市建设用地总面积÷城市常住人口

18. 人均绿地面积

指城市中每个居民占有城市绿地面积。计算式为：

人均绿地面积=城市绿地总面积÷城市常住人口

19. 人均广场面积

加强广场建设是改革开放成果由全体市民共享的一种体现，集中反映城市居民休闲空间广阔度，反映城市开敞空间质量。计算式为：

人均广场面积=城市广场总面积÷城市常住人口

20. 市民对城市标志性景观的认可度

反映市民对城市标志性景观的认可度。计算式为：

认可度=（认可的人数×100+较认可人数×80+一般认可人数×60+不太认可人数×40+很不认可人数×20）÷调查样本数量×100%

21. 市民对城市公共空间建设的满意度

反映市民对城市空间布局、周边建筑协调性、人性化设施设置、商业中心、文化中心、博物馆、交通枢纽、街道、广场、居住区户外场地、公园和体育场地等建设的满意度。满意度为主观性指标，主要通过调查计算得出，计算式参照“市民对建筑环境的满意度”指标。

22. 人均商业设施面积

该指标是体现城市商业发展状况和整体水平的重要标尺，它反映商业网点设施在城市的覆盖面。计算式为：

人均商业设施面积=商业设施建筑总面积÷城市常住人口

23. 市民对商业设施的满意度

反映城市商业服务设施配套情况及建设质量，满意度为主观性指标，主要通过调查计算得出，计算式参照“市民对建筑环境的满意度”指标。

24. 百万人拥有图书馆、群艺馆、科技馆等场所个数

该指标可用来衡量公共文化、艺术和科技设施的发展状况与整体水平，它反映城市文化服务设施的覆盖情况。计算式为：

百万人拥有图书馆、群艺馆、科技馆等场所个数=图书馆、群艺馆、科技馆等场所的数量÷城市常住人口数×100万

25. 市民对休闲娱乐的满意度

反映城市居民休闲娱乐活动的多样性程度以及休闲娱乐配套服务设施质量。满意度为主观性指标，主要通过调查计算得出，计算式参照指标"市民对建筑环境的满意度"指标。

26. 空气质量好于或等于二级标准的天数

用于综合反映城市的空气环境质量，指一年中空气质量达到《环境空气质量标准》（GB3095—1996）二级标准的天数。

27. 污水集中处理率

指城市通过污水处理厂处理的城市生活污水量占城市污水排放总量的百分比，用于反映城市环境基础设施完善情况。计算式为：

污水集中处理率=污水处理厂集中处理的城市生活污水量÷城市污水排放总量×100%

28. 生活垃圾无害化处理率

指经无害化处理的城市市区生活垃圾量占市区生活垃圾产生总量的百分比。计算式为：

生活垃圾无害化处理率=经无害化处理的城市市区生活垃圾量÷市区生活垃圾产生总量×100%

29. 噪声达标区覆盖率

指城市建成区内，已建成的环境噪声达标区面积占建成区总面积的百分比，用于反映城市噪声治理水平。计算式为：

噪声达标区覆盖率=已建成的环境噪声达标区面积÷建成区总面积×100%

30. 市政设施普及率

反映供水、供电、供气、网络等市政设施在居民生活中的供应情况，计

算式为：

市政设施普及率=市政设施服务地区面积÷建成区总面积×100%

31. 市民对市政（水、电、气、电视、因特网）服务质量的总体满意度

反映居民对市政服务设施便利程度和服务质量的满意程度。计算式参照指标“市民对建筑环境的满意度”指标。

32. 万人拥有公共厕所的数量

公共厕所指供公共大众共同使用的、有围墙和屋顶的非露天厕所。公厕的建设是城市文明程度、市政完善程度在细节上的体现。本指标是指按城市常住人口计算的平均每万人拥有的公厕数量，用于反映城市市政服务设施的完善程度。计算式为：

万人拥有公共厕所的数量=公厕总数量÷城市常住人口数×1万

（二）重庆市宜居环境竞争力评价指标体系（农村部分）

1. 砖混结构以上住房比例

指新建砖混结构以上住房户数占新建住房总户数的比例，用于反映农村住房质量和居住品质。计算式为：

砖混结构以上住房比例=新建砖混结构住房户数÷全村新建住房总户数×100%

2. 人均砖混结构住房面积

指农村新建砖混结构住房居民人均占有建筑面积，反映农村居民住房保障情况。计算式为：

人均砖混结构住房面积=新建砖混结构住房建筑总面积÷新建砖混结构住房的总人口数

3. 户用卫生厕所普及率

指使用卫生厕所的农户占全村农户总数的比例，反映农村卫生厕所的普及率及卫生厕所的配套情况。计算式为：

户用卫生厕所普及率=使用卫生厕所的家庭户数÷全村总户数×100%

4. 巴渝新居推广率

反映巴渝新居在农村新建建筑中的推广情况。计算式为：

巴渝新居推广率=巴渝新居数÷全村自 2009 年至评估年间新建的农村住房总量×100%

5. 乡村干道通达率

指集镇、村庄交通干道的通达情况，是反映农村交通设施配套质量的重要方面。计算式为：

乡村干道通达率=已通公路的村数÷辖区内集镇村庄总数×100%

6. 乡村干道硬化率

指集镇、村庄交通干道的硬化情况，直接反映农村交通设施的质量。计算式为：

乡村干道硬化率=主干道混凝土道路面积÷所有主干道路面积×100%

7. 公共空间满意度

指农民对所在集镇或村庄的村容、村貌以及公共活动空间的满意程度，反映农村村容环境、村舍风貌的质量。该指标主要通过调查计算获得。计算式为：

满意度=（满意人数×100+较满意人数×80+一般满意人数×60+不太满意人数×40+很不满意人数×20）÷调查样本数量×100%

8. 文化设施覆盖率

反映农村文化设施的普及度，表现为能享受到文化设施的家庭户数所占的比例。计算式为：

文化设施覆盖率=文化设施 3 公里服务半径内的家庭户数÷全村总户数×100%

9. 商业服务设施覆盖率

反映农村商业服务设施的普及度，表现为能享受到集市、放心店、邮政储蓄代办点等服务设施的家庭户数所占的比例。计算式为：

商业服务设施覆盖率=商业服务设施 3 公里半径内的家庭户数÷全村总户数×100%

10. 电视、电话覆盖率

电视覆盖率指能够接收到电视信号的人口占总人口的百分比；电话覆盖率由固定电话使用人数和移动电话普及率构成，权重分别为 0.4、0.6。计算式为：

电视覆盖率=能接收电视信号的家庭户数÷全村总户数×100%；

电话覆盖率=固定电话普及率×0.4+移动电话普及率×0.6

11. 清洁能源普及率

反映清洁能源在农村的使用情况。清洁能源包括常规能源的清洁利用，如煤的气化和液化；可再生能源如太阳能、风能、水能、地热能、生物能等的利用；以及新能源（如氢燃料）的开发。计算式为：

清洁能源普及率=村域内使用清洁能源的户数÷全村总户数×100%

12. 卫生用水覆盖率

指饮用卫生用水的居民户数占全村总户数的比例，反映农民饮用水质量。计算式为：

卫生用水覆盖率=村域内符合国家《农村实施〈生活饮用水卫生标准〉准则》的户数÷全村总户数×100%

13. 生活垃圾定点存放清运率

反映农村固体垃圾污染防治的执行情况。计算式为：

生活垃圾定点存放清运率=生活垃圾定点存放并得到及时清运的户数÷全村总户数×100%

14. 生活污水处理率

反映农村水污染防治的执行情况。计算式为：

生活污水处理率=[一、二级污水处理厂处理量+氧化塘、氧化沟、净化沼气池及土（湿）地处理系统处理量]÷村内生活污水排放总量×100%

表1　重庆市宜居环境竞争力评价指标体系（城市部分）

大类	中类	序号	名称	单位	权重（分/百分）	满分标准值
住宅指标（30分）	住房保障（6分）	1	人均住房建筑面积	平方米/人	2	26
		2	房价与收入比	/	2	5
		3	政府保障性住房占住房建设总面积的比例	%	2	25
	住房品质（10分）	4	住宅成套率	%	2	100
		5	市民对建筑环境的满意度	%	2	100

续表 1

<table>
<tr><th>大类</th><th>中类</th><th>序号</th><th>名称</th><th>单位</th><th>权重（分/百分）</th><th>满分标准值</th></tr>
<tr><td rowspan="10">住宅指标（30分）</td><td rowspan="3">住房品质（10分）</td><td>4</td><td>市民对住宅功能空间的满意度</td><td>%</td><td>2</td><td>100</td></tr>
<tr><td>5</td><td>住宅执行建筑节能标准情况</td><td>%</td><td>2</td><td>100</td></tr>
<tr><td>8</td><td>住宅建筑智能化水平</td><td>%</td><td>2</td><td>100</td></tr>
<tr><td rowspan="7">社区品质（14分）</td><td>9</td><td>住宅物业管理覆盖率</td><td>%</td><td>2</td><td>100</td></tr>
<tr><td>10</td><td>拥有人均2平方米以上绿地的居住区比例</td><td>%</td><td>2</td><td>100</td></tr>
<tr><td>11</td><td>社区商业中心服务半径500～1 000米商业设施的覆盖率</td><td>%</td><td>2</td><td>100</td></tr>
<tr><td>12</td><td>市民对社区公共服务设施的满意度</td><td>%</td><td>2</td><td>100</td></tr>
<tr><td>13</td><td>市民对社区景观的满意度</td><td>%</td><td>2</td><td>100</td></tr>
<tr><td>14</td><td>邻里关系满意度</td><td>%</td><td>2</td><td>100</td></tr>
<tr><td>15</td><td>市民对物业管理服务的满意度</td><td>%</td><td>2</td><td>100</td></tr>
<tr><td rowspan="6">公共空间指标（30分）</td><td rowspan="4">开敞空间（20分）</td><td>16</td><td>城市毛容积率</td><td>/</td><td>5</td><td>0.65</td></tr>
<tr><td>17</td><td>人均城市建设用地面积</td><td>平方米/人</td><td>5</td><td>80</td></tr>
<tr><td>18</td><td>人均绿地面积</td><td>平方米/人</td><td>5</td><td>10</td></tr>
<tr><td>19</td><td>人均广场面积</td><td>平方米/人</td><td>5</td><td>0.4</td></tr>
<tr><td rowspan="2">建设品质（10分）</td><td>20</td><td>市民对城市标志性景观的认可度</td><td>%</td><td>5</td><td>100</td></tr>
<tr><td>21</td><td>市民对城市公共空间建设的满意度</td><td>%</td><td>5</td><td>100</td></tr>
<tr><td rowspan="11">生活服务设施（40分）</td><td rowspan="2">商业设施（8分）</td><td>22</td><td>人均商业设施面积</td><td>平方米/人</td><td>4</td><td>1.2</td></tr>
<tr><td>23</td><td>市民对商业设施的满意度</td><td>%</td><td>4</td><td>100</td></tr>
<tr><td rowspan="2">文化设施（7分）</td><td>24</td><td>百万人拥有图书馆、群艺馆、科技馆等场所个数</td><td>个/百万人</td><td>4</td><td>30</td></tr>
<tr><td>25</td><td>市民对休闲娱乐的满意度</td><td>%</td><td>3</td><td>100</td></tr>
<tr><td rowspan="4">环保设施（16分）</td><td>26</td><td>空气质量好于或等于二级标准的天数</td><td>天/年</td><td>4</td><td>365</td></tr>
<tr><td>27</td><td>污水集中处理率</td><td>%</td><td>4</td><td>100</td></tr>
<tr><td>28</td><td>生活垃圾无害化处理率</td><td>%</td><td>4</td><td>100</td></tr>
<tr><td>29</td><td>噪声达标区覆盖率</td><td>%</td><td>4</td><td>100</td></tr>
<tr><td rowspan="3">市政设施（9分）</td><td>30</td><td>市政设施普及率</td><td>%</td><td>3</td><td>100</td></tr>
<tr><td>31</td><td>市民对市政（水、电、气、电视、因特网）服务质量的总体满意度</td><td>%</td><td>3</td><td>100</td></tr>
<tr><td>32</td><td>万人拥有公共厕所的数量</td><td>个/万人</td><td>3</td><td>4</td></tr>
</table>

表 2　重庆市宜居环境竞争力评价指标体系（集镇村庄部分）

大类	序号	名称	单位	权重（分/百分）	满分标准值
住宅指标（40分）	1	砖混结构以上住房比例	%	10	100
	2	人均砖混结构住房面积	平方米/人	10	40
	3	户用卫生厕所普及率	%	10	85
	4	巴渝新居推广率	%	10	80
公共空间指标（30分）	5	乡村干道通达率	%	10	100
	6	乡村干道硬化率	%	10	100
	7	公共空间满意度	%	10	100
生活服务设施指标（30分）	8	文化设施覆盖率	%	4	100
	9	商业服务设施覆盖率	%	4	100
	10	电视、电话覆盖率	%	5	100
	11	清洁能源普及率	%	4	65
	12	卫生用水覆盖率	%	5	100
	13	生活垃圾定点存放清运率	%	4	100
	14	生活污水处理率	%	4	90

附录三

重庆建设宜居城市可持续发展研究

宜居城市的概念有广义、狭义之分。广义的宜居城市是指经济持续繁荣、社会和谐稳定、文化氛围浓郁，城市与自然环境协调共生，适合人类生活、工作、学习、创业的城市。狭义的宜居城市是指生态良好、景观优美、安全可靠、生活舒适，适宜人类居住的城市。社会经济发展水平的不同、地域文化的多元化、自然环境的多样化，使得宜居具有共性和个性的要求，国内外均无统一的评判标尺。

重庆建设宜居城市是在推进城镇化、工业化过程中，贯彻"以人为本"发展理念，逐步优化人居环境，提高城乡居民生活质量和幸福指数的客观要求；是提升重庆可持续发展能力，优化发展环境，建设内陆开放高地和长江上游地区经济中心，推动重庆更好更快发展的重大举措；是促进城乡、区域协调发展，建设统筹城乡的直辖市，在西部地区率先实现全面建设小康社会目标的必然选择。在重庆宜居城市的建设中，设立了两个阶段的目标任务，根据主要工作内容、取得成效的进展和展望，我们再将其细分为四个阶段，即确定目标阶段（2008 年至 2009 年 4 月）、全面建设阶段（2009 年 4 月至 2012 年）、基本建成阶段（2013 年至 2017 年）、提升和完善阶段（2018 年以后）。

一、重庆宜居城市建设的战略背景与意义

（一）宜居城市的国内外理论与经验

1. 国外宜居城市的发展

21 世纪人类进入了城市世纪和生态世纪，人们更为关注人与自然的协调发展，经济与生态环境的协调发展，希望自己生活的区域能更有效、更迅速地防治污染危害，生产与生活环境质量随经济的发展而越来越好。在这方面，英国、法国、日本、加拿大、德国、阿根廷、韩国等国家作出了很好的示范。

■ 英国：英国在城市规划中，把人居环境的营造、人文关怀、生态环境保护和经济可持续发展等置于重要地位，2004 年 2 月发表的《伦敦规划》中，将“宜人的城市”作为核心内容之一加以论述。

■ 法国：20 世纪 60 年代至 70 年代，法国建设了大量住宅，缓解了住房紧张的问题。而 80 年代，法国人居环境建设逐渐转向了解决住区的资源与环境、居住功能单一、公共设施缺失等矛盾，为此，法国政府进行了大规模的城市住区改造工作。

■ 日本：日本政府在全国建立了城市人居环境检测体系，通过立法和行政干预等方式对城市环境进行保护，强调公众参与，注重环境保护意识的培养，提升普通民众参与人居环境的意识。

■ 加拿大：加拿大的“宜居区域战略规划”重视协调处理人口增长与资源、环境的关系，谋求可持续发展，使温哥华成为全球最适宜人类居住的地区之一。1992 年 6 月，温哥华就制定了“城市计划”，首次明确城市建设是以社区为目标，形成适宜居住的社区环境；强调多样化的环境、建筑以及文化；发展步行友善的公共空间；创造充满活力的城市中心和社区中心，创造一种地方归属感；强调可持续发展，减少机动车和能源消耗。

■ 德国：20 世纪 90 年代，德国开始推行生态环保住区政策，通过城市更新改造和城市边缘发展以营造城市中有吸引力的地区，实现城市内涵式发展；在改善环境、恢复自然生态的背景下更新和维护基础设施；发展城市公共交通和非机动交通工具，以推动人居环境的可持续发展。

■ 阿根廷：阿根廷中西部小城市巴利洛切位于安第斯山脉东麓，风光秀丽，每年吸引大约 50 万游客，且巴利洛切的博物馆、剧院和电影院，按人均比例计算在阿根廷处于较高水平。另外，它的自然环境和丰富的文化生活已成为吸引人们居住的一个重要因素。

■ 韩国：2005 年，韩国完成的清溪川复原工程，该工程是首尔市以清溪川路和三一路及其周边地区为对象，拆除覆盖在清溪川河上的建筑物和高架道路，移走相关设施，恢复该地区原有景观并建设新的环境和设施的工程。它已成为首尔市塑造以人为中心的环境友好型城市，提高首尔都市品牌的形象工程。

2. 国内宜居城市的发展

进入 21 世纪，北京在城市总规划（2004—2020）中确定了“国家首都、国际都市、文化名城、宜居城市”的城市发展定位，这是国内首次将“宜居城市”作为城市发展定位，也是新中国成立 56 年来第一次将居住问题纳入城市发展的核心问题，标志着我国“先生产、后生活”的城市规划建设理念发生了转变。继北京之后，全国又有大连、杭州等 20 多个城市提出了建设宜居城市，这昭示着“宜居城市”成为我国城市建设的新目标。

■ 北京市：北京生态和宜居城市的建设，注重增强城市和区域持续发展的能力，强调区域的整体发展；在结合自然环境承载力的基础上，定量地分析出土地最大允许承载人数，并运用生态规划的方法指导景观建筑规划、园林规划或土地利用规划等，加强自然环境及历史文化遗产的保护。

■ 大连市：大连是我国较早获得“联合国人居奖”的城市之一，具有优美的自然环境、便利的生活服务设施、畅通的交通和良好的公共安全设施，城市空间发展更突出山水特色，形成了“蓝天、碧海、青山”的特色风貌和景观格局。

■ 杭州市：杭州以江、湖、河、海、溪“五水共导”为治水理念，通过实施西湖综合保护、西溪湿地综合保护、运河综合保护、河道有机更新、钱塘江系生态保护五大系统工程，疏通城市脉络、改善城市水质，保护优化城市的自然生态和人文生态系统，有效解决了现代城市不断扩展与自然生态日益萎缩的城市发展矛盾。做到人、自然、文化三者的完美结合，营造了“水清、河畅、岸绿、景美”的亲水型“宜居城市”。

■ 长沙市：2008 年，长沙市委、市政府决定在 5 年之内，由政府投资 800 亿拉动 2 000 亿的投资，初步把长沙建成宜居城市、幸福家园。其“宜居城市”的建设主要在充分尊重城市历史和个性的基础上，通过规划和建设，让城市空间更合理。主要原则包括：第一，坚持全盘统筹规划。既要考虑城市的美感和风格，又要考虑居住、生活的方便舒适。既要考虑城市建筑外观的大方，又要考虑建材的绿色环保。第二，注重整体风格规划。第三，强调以规划引导项目，以规划指导建设。

（二）重庆宜居城市建设背景与意义

1. 重庆宜居城市建设的背景

宜居，是全人类的共同追求，是现代城市和社会主义新农村建设的重要目标。随着城市化的不断发展和居民生活水平的提高，人们对物质生活和精神生活质量的要求不断提高，对城市“宜居性”产生了迫切的需要。自 1997 年重庆成为直辖市以来，城乡居民居住条件大为改观，公共空间明显改善，服务设施逐步配套，人居环境建设取得了重要阶段性成果。但是仍存在城市

建设品质不高，农房建设比较散乱，服务配套相对滞后，人居环境亟待优化等突出问题。要满足市民对宜居的追求和向往，实现人、自然、社会的和谐统一，必须努力采取有效措施，切实解决这些问题。建设宜居城市是在我国提倡“可持续发展”、树立“科学发展观”的背景下积极建设健康城市的重要发展途径，建设“重庆宜居城市”，是在推进城镇化、工业化过程中，贯彻“以人为本”发展理念，逐步优化人居环境，提高城乡居民生活质量和幸福指数的客观要求；是提升重庆可持续发展能力，优化发展环境，建设内陆开放高地和长江上游地区经济中心，推动重庆更好更快发展的重大举措；是促进城乡、区域协调发展，建设统筹城乡的直辖市，在西部地区率先实现全面建设小康社会目标的必然选择。

2. 重庆宜居城市建设的意义

（1）贯彻落实科学发展观、推进新型城市化的战略之举。党的十七大提出“建设生态文明，在全社会牢固树立生态文明的观念”。胡锦涛总书记“314”总体部署要求重庆“全面加强城市建设，优化城市功能，改善人居环境”。因此，建设重庆宜居城市，解决当前城市化进程中存在的城区人口密集、建筑物过高过密、环境污染严重、公共空间较小等问题，凸显重庆“山、水、城”相互辉映的城市风貌特色，已成为重庆贯彻落实科学发展观、推进新型城市化的战略之举。

（2）增强经济实力和对外吸引力，提高核心竞争力的必然选择。在人与自然和谐相处，保护生态环境，走可持续发展道路已经成为全人类共识的大背景下，改善生态环境质量，美化城市环境形象，营造良好的生活、生产和投资环境，已成为提高城市核心竞争力的主要因素和根本保障之一。因此，建设重庆宜居城市，保护和恢复城市生态系统，是构造良好的人居环境和根本保障之一。因此，建设重庆宜居城市，保护和恢复城市生态系统，构造良好的人居环境，已成为重庆发展经济、提升城市形象、增强城市综合竞争力的必然选择。

（3）全面建设小康社会，构建和谐的客观要求。重庆经过直辖十多年的发展，已经站在一个新的发展起点上。要把重庆加快建成西部地区的重要增长极、长江上游地区的经济中心、城乡统筹发展的直辖市，在西部地区率先实现全面建设小康社会的目标，就必须加大以工促农、以城带乡的力度，加快生态建设步伐，构建重庆宜居城市。同时，随着城市建设的飞速发展，人民生活水平不断提高，人们的生态意识越来越强，对生活居住环境的要求越来越高，建设重庆宜居城市，已成为全市人民的迫切愿望。按照科学发展观的要求和以人为本的理念，政府作为公共产品的提供者，有义务、有责任为市民构建一个优美、清新、健康、舒适的生态人居环境，从而实现经济社会和生态环境协调发展，人与自然到达高度和谐。因此建设宜居城市已成为重庆全面建设小康社会，构建和谐的客观要求。

二、重庆宜居城市建设可持续发展的战略框架与实践

（一）战略框架与思路

重庆宜居城市建设的总体思路：坚持规划、建设、管理多管齐下，全面提升城市形象和品质。围绕“城乡统筹、转型发展、宜居城市”主线，优化“一圈两翼”空间布局，创新“规划联、资本联、政策联、产业联、项目联、行政联”等多种联动方式，推进“五个重庆”联动发展，完善重庆市城乡居住、现代服务、购物娱乐、运动休闲、旅游观光、公共生活六大功能，聚焦七大领域，强化八大抓手，即抓体制机制、抓政策法规、抓规划设计、抓资金项目、抓质量标准、抓城乡统筹、抓人才队伍、抓平台载体。

重庆宜居城市建设以提升居住品质、优化公共空间、完善服务设施三方面内容为主线，在主城区、远郊区县城区、集镇村庄三个层面来分析，因此大力推进“重庆宜居城市”三大工程建设的战略框架，主要表现在以下三个方面：

1. 居住品质提升工程

（1）完善住房供给体系。以改善城市中低收入家庭住房条件为重点，以实现城镇家庭户均七年左右的收入可购置一套住房为目标，逐步形成商品住房、经济适用住房、廉租住房公租房协调发展、互为补充、供求平衡、物美价廉的住房供给体系。

（2）不断提高住房品质。运用现代理念和技术，不断提升住宅建筑的整体品质。农村以“康居农房”建设改造为主要抓手，以农民自愿、造价合理为原则，积极引导推进具有川东民居建筑文化特色的“巴渝新居”建设和农村危旧房改造步伐，大力发展节能环保型住宅，逐步改善农村居民居住条件。

（3）综合整治居住小区。以改善市民居住环境和提升城市品质为宗旨，遵循政府组织、居民参与的原则，积极倡导使用新材料、新技术，大力实施居住区综合整治。

（4）全面提升社区服务。大力普及住宅小区物业管理服务，加强对物业

管理企业的监督管理，提高物业从业人员的整体素质，不断规范物业管理行为，促进物业服务人性化，管理规范化，不断提升住宅小区物业服务水平。

2. 公共空间优化工程

（1）有效增加开敞空间。要严格实施城市规划及各类规划技术标准，实行开发建设强度分区控制制度，有效控制城市建筑高度和密度，降低容积率，逐步形成疏密有致的城市空间，为市民营造舒适、开敞的生活环境。

（2）着力改善城乡环境。深入实施"蓝天、碧水、宁静、绿地"行动，不断改善空气和水环境质量，打造宁静、舒适的生活环境。推进农村生态文明建设，抓好农村造林绿化。加大太阳能、沼气等清洁能源的推广使用力度。

（3）塑造城乡特色风貌。高水平规划、建设"两江四岸"滨江地带。围绕现代服务、运动休闲、旅游观光、公共生活、购物娱乐五大功能，精心打造亲近自然、开阔靓丽、具有山地建筑文化特色和体现重庆历史文脉的"两江四岸"滨江景观，展现国际化、现代化的大都市形象。

3. 服务设施完善工程

（1）改善城乡商业服务设施。以打造长江上游地区的"会展之都""购物之都""美食之都"和西南地区的购物中心为目标，以大型百货、连锁商店、超市、农村村社便民放心商店为重点，加快建设城乡商贸服务网络，保障市场供应。

（2）丰富文化娱乐设施。建立完善的公共文化娱乐服务网络，提升城市文化品位，提高市民文化娱乐生活质量。以推进国家文化和自然遗产地保护、历史文化名城保护及重庆大剧院、川剧艺术中心、自然博物馆、国际马戏城、群众艺术馆等重大文化设施建设为重点，加强公益性文化设施和满足市民文化生活需要的区县图书馆、文化馆等基层文化设施建设。

（3）配套完善基础设施。努力提高供水普及率和城镇生活饮用水水质，基本解决城乡居民饮水安全问题。建设一批公厕、垃圾收运、垃圾处理等环卫设施，加快建设餐厨垃圾、建筑垃圾处理厂，完善城乡垃圾收运系统，实现固体废弃物减量化、资源化、无害化。加大城乡电网改造力度，不断提高电网安全运行水平。完善燃气供应设施。加速燃气供应管道化，完善燃气输配、储备和供应、服务保障系统，提高城市供气的安全性、可靠性、先进性和便利性。加快建设西部重要通信枢纽，积极推进"宽带重庆"、"三网"融合、3G网络等通信设施建设。实施"农村信息进村入户"和"千镇万村信息惠农"工程，所有自然村通电话、全部行政村通宽带、互联网用户数在现有基础上翻一番，村邮站覆盖率达到90%以上。

（二）重庆宜居城市建设现状

直辖以来，重庆的城市面貌有了较大的改观，城市景观与小区景观相结合、地域特色与传统文化相融合、宜居与宜业协调发展，城市功能更加完善。重庆抓住基础软硬环境建设，贴近民生，塑造城市形象，建设进展顺利，成效明显。

1. 民生工程快速实施，人居环境明显改善

在重庆宜居城市的建设中，重庆市大力推进各项民生工程，完善住房供给体系，不断提高住房品质，对居住小区进行了综合整治，对社区服务进行了全面提升，人民的居住环境得到明显改善。

在住房建设方面，截至 2010 年 12 月底，主城区商品住房新开动 2 839 万平方米，竣工 1 695 万平方米；公租房新建 1 000 万平方米（全市开工量 1 300 万平方米）；廉租住房新开工 148.8 万平方米，竣工 20.1 万平方米；经济适用住房新开工 367.16 万平方米，竣工 285.59 万平方米。远郊区县实现商品住房新开工 2 675 万平方米，竣工 1 593 万平方米，超额完成目标任务；实现廉租住房新开工 166.8 万平方米，占目标任务的 105%。集镇村庄建成巴渝新居 5.3 万户，占目标任务的 106%。

在危旧房改造方面，截至 2010 年 12 月底，主城区完成主体量拆迁 267.16 万平方米，占年度任务的 171.3%，涉及家庭 44 066 户；完成捎带量拆迁 169.89 万平方米，涉及家庭 13 101 户，已全面完成 3 年主城区危旧房改造拆迁任务。从 2008 年主城区危旧房改造工作启动至今，主城各区累计共完成拆迁总量 1 218.29 万平方米，占 3 年拆迁总任务 1 185 万平方米的 102.81%，共惠及 14.95 万户、44.84 万人；集镇村庄完成危旧房改造 11.6 万户，占目标任务的 119%。

在居住区综合整治方面，截至 2010 年 12 月底，完成整治面积 6 289 万平方米，占年度任务的 118.7%。其中工程治理面积 784 万平方米，占年度任务的 333.7%；综合执法面积 5 505 万平方米，占年度任务的 108.7%。

2. 公共空间明显优化，城市不断变美扮靓

在重庆宜居城市建设中，开敞空间得到有效增加，城乡环境得以大力改善，塑造了一批有重庆特色的城乡风貌，使重庆不断变美扮靓。

在城中村改造方面，截至 2010 年 12 月底，主城区 53 个城中村的征地工作全面完成，拆迁房屋 501.7 万平方米，占年度计划的 119%，其中工程拆除 424.6 万平方米，占年度任务的 101%，安置群众 1.92 万人。

在主干道环境综合改造方面，截至2010年12月底，启动改造59段124.98千米，占年度计划量的135%，完成25段46.09千米，正在实施34段78.89千米，累计完成投资36.13亿元，占年度计划投资的135.9%。

在广场建设方面，截至2010年12月底，主城区新建成广场14个，面积35.67万平方米，占年度任务的119%；远郊区县建成广场79.29万平方米，占年度任务的152%。

在公园绿地建设方面，主城区新增公园绿地面积1 067.4万平方米，占目标任务的174%；远郊区县新增公园绿地1 721万平方米，占目标任务的177%。

在环境保护方面，截至2010年12月底，主城区城市空气质量满足优质天数达311天，同比增加8天，公共集中式饮用水源地水质主要指标达标率均达到100%。

在整治户外广告方面，截至2010年12月底，主城区整治大型户外广告7 750余块，57万平方米，超额完成任务；远郊区县整治户外广告69.5万平方米，超额完成任务。

3. 服务设施不断完善，生活质量大幅提升

在重庆宜居城市的建设中，大力改善城乡商业服务设施、丰富文化娱乐设施、配套完善基础设施，城乡居民的生活质量得到大幅提升。

在文化娱乐设施建设方面，主城区竣工文化娱乐设施13.69万平方米，占目标任务的108%；推进国家文化和自然遗产地保护、历史文化名城保护工作，重点建设重庆大剧院、川剧艺术中心、自然博物馆、国际马戏城、群众艺术馆等几个重大文化设施；在远郊区县和乡镇村庄，加强了公益性文化设施和区县图书馆、文化馆等基础文化设施，推进了农村“文化广电惠民”工作。

在商业设施建设方面，截至2010年12月底，主城区新增市场45.2万平方米，占年度任务的151%；远郊区县新增市场93.7万平方米，占目标任务134%；主城区新增商业社区24个，占目标任务120%；远郊区县新增商业社区39个，占目标任务111%。

在市政设施建设方面，截至2010年12月底，主城区完成夜景灯饰改造项目164个，占年度任务的202%；远郊区县高招重点夜景灯饰1 250多项，超额完成年度目标任务；集镇村庄解决饮水安全人口数量309.42万人，占年度任务的154%，新改建农村公路10 000千米，占年度任务的125%，新增沼气池18.03万户，占年度任务的155%。

三、重庆宜居城市建设中存在问题

（一）资金缺口较大

重庆近几年基础设施建设发展较快，基础设施建设投资额2009年为1 543亿元，2010年为1 911.45亿元，增长23.3%。据估算，重庆宜居城市、森林重庆、畅通重庆、平安重庆、健康重庆等“五个重庆”建设耗资4年间将达1.3万亿元。重庆八大投资公司——城投公司、地产集团、高发公司、渝富、开投、交旅、水投、水务等八大政府性投资集团（简称“八大投”）贷款余额已超过5 000亿，区县投融资平台贷款余额超过600亿。重庆市2011年总的投资达到6 935亿元，而2010年重庆财政预算收入为1 018亿元，其间的缺口很大。重庆政府投资收入难以达到平衡。再以公租房建设为例，资金主要通过政府注资、发行债券、商业银行信贷、公积金贷款、住房租金等方式筹集。据粗略计算，建设2 000万平方米公租房，政府投入土地成本500亿元，公租房土建成本500亿。后500亿，政府资金投入200亿，需市场融资约300亿。在地方财力有限的情况下，如何形成持续的融资及还款模式，是重庆公租房建设要面临的考验。仅以地产集团已经承建的总面积60万平方米的3个公租房项目为例，全部项目投资规模为120亿，其中政府注资24亿，地产集团向银行贷款53.8亿，享受中央地方财政补贴11.2亿，公积金贷款获得15亿，总共104亿，仍有16亿的资金缺口。资金问题是一个重要的制约因素。

（二）城乡宜居建设差异明显

重庆大城市与大农村并存，除城乡管理体制差异外，城乡二元经济结构不仅阻碍了统一的市场经济体制的形成以及社会经济的协调发展，也造成城乡之间、工农之间、贫富之间以及政府与农民之间的矛盾，构成打造宜居城市的结构性障碍。城乡在宜居方面的差异主要表现在：

1. 城市环境不断改善与农村环境污染严重同时并存

近年来，重庆市在城市环境污染防治和生态保护方面取得了很大进展，但农村环境形势却不容乐观，具体体现在：农村环境保护意识滞后，农业生产技术和生产方式滞后，农村环境基础设施和公共服务体系建设滞后，农村环境保护体制建设滞后，农村环境保护法制建设滞后。

2. 城乡收入差距导致城乡生活条件差异较大

1997—2010年，城乡居民生活水平均有所提高，但农村居民生活提升速

度远低于城镇，城市居民家庭人均可支配收入年均增 17.2%，而农村居民人均收入年均增长 12.7%，2010 年城乡居民收入比达到 3.8∶1。

3. 城乡基本公共服务设施与发展水平差距较大

城乡差异大不但表现在城乡居民收入消费水平上，农村的基础条件、教育资源分布、公共卫生、公共服务、劳动保障远远不及城市。农村大部分乡镇卫生院未达标，每千人拥有的职业医师数为 0.7 人（全国为 1.5 人），农村劳动力中初中以下文化程度占 91%。由于农民与市民在教育、就业、住房、劳保、福利、劳动条件等方面明显的不平等，导致农民需求不能充分释放，城乡差异、农村经济的落后将直接影响宜居城市的发展进程。

（三）城市绿地不足，缺乏公共活动空间，建设密度过高

在土地建设强度方面，重庆主城区地处山地区域，用地地形环境是四山之间的槽谷地带。用地地形中，山地占 75.8%，丘陵占 18.2%，台地占 3.6%，平坝占 2.4%。适宜建设的区域较少，且建设用地呈现向中间聚集的态势，使得一直以来重庆城市建设的密度大于平原城市。近年来，土地建设强度保持着快速增长的态势，中心城区的建设密度与容积度高，对居住环境和空间品质造成了极大的影响。

在公共活动空间方面，重庆主城区人均绿地面积 10.1 平方米，人均广场面积也仅为 0.07 平方米左右，试用比率就更低。旧城空间欠缺，新城建设速度不够，城市公共空间普遍显得狭窄拥挤。公园绿地本身的环境和质量都有待优化，更重要的是，针对大部分市民而言，目前的公园和绿地的地理位置距多数市民的居家地点太远，试用不方便，可达性和可实用性不高。相比城市其他用地的快速扩张，公共空间建设速度普遍滞后，特别是大、中型城市公园建设投入不足和进度缓慢。虽然，在旧城改造的过程中大量地还建绿地，重庆的城市公园绿地的总量虽然有所增加，但分布却十分不均衡，特别是城市中心区的绿地布局有待进一步加强。

（四）公共服务设施建设落后于居住建设，组团级、社区级公共设施不够健全

公共基础设施是市民生活的必需品，也是城市现代化及提高城市化水平的要求。根据对重庆市主城区公共服务设施便利度的调查，主城区居民对公

共服务设施最满意的是教育设施，超过半数的被调查者认为教育设施在公共服务设施体系中相对完善；而行政管理与社区服务设施、文化体育设施、医疗卫生设施、社会保障与福利等设施的建设情况都不太理想，其中反应最强烈的是缺乏文化体育设施问题，特别是社区文化体育设施缺乏的问题显得尤为严重。这说明随着人们生活水平的提高，对文化体育设施的需求极大的增强，今后必须加强对文化体育设施的规划，现有的各类文化体育设施也需要不断提高自身的服务水平和配置标准，政府也需要增加文化体育设施的投入来解决这一问题。

目前，重庆市商品房的配套设施仍存在诸多不足，而相当多的市民比较看重配套设施的建设，这也成为今后重庆市改善宜居条件的一个重要方面。另外，从规划统计数据来看，公共服务设施用地比例偏少。公共服务设施的建设滞后于居住建设，居住用地增加的同时，公共设施用地却相对减少，公共配套仍需要同步加强。

（五）城市建设管理落后于城市化建设进程

目前，重庆的城市管理方法仍以行政管理为主，缺乏多元治理理念，行政管理力度较强，但公共服务职能仍发挥不足；城市管理手段不够先进、信息反馈速度慢、处置能力低、数字化管理水平仍显低下等方面的问题仍然存在；统一管理和分级管理的矛盾依然存在，难以协调。城市管理水平的提升滞后于重庆经济的高速发展，随着城市化进程的加速，城市管理职能没有很好地向服务职能转变，对于城市发展、规划、建设缺少政策法规的保障。城市化的过程不仅仅是建设，更重要的是城市建成之后的管理。

（六）人才供给缺口较大

重庆市居民服务业人才比较缺乏，导致居民服务业能级不高。居民服务业发展到一定的阶段，需要专业人才的注入，从而带动行业优化升级。调查显示，被调查的企业中82.0%的企业认为2010年本行业的市场竞争状况激烈，其中，34.8%的企业认为今年本行业的市场竞争状况很激烈，47.2%的企业认为市场竞争状况比较激烈。市场竞争日益激烈，如何在市场中确立自己的品牌，如何在市场中获得较好的口碑，是企业不得不面临的问题，由此企业对于人才的需求变得更加迫切。

四、重庆宜居城市建设可持续发展推进建议

（一）拓展融资渠道，采取多种融资方式结合

“重庆宜居城市”建设进程中，已经采取了多种融资方式，但由于开发需要资金量大，仍然需要不断拓展融资渠道，一方面是资金量上的拓展，另一方面是资金筹集效率的提高。

1. 政府融资渠道的拓展

一是利用公租房房屋作为还款保障，发行“公租房”建设特种国债；二是尝试发行地方政府债券，虽然如今地方政府不允许发行债券，但中央曾经代表地方发行过债券，是对此举进行的探索，重庆政府应积极创造条件，持续努力申请发行地方政府债券，从而提高政府财政。

2. 金融企业融资渠道的拓展

一方面除向亚洲开发银行争取贷款外，还可争取世界银行和欧洲投资银行的贷款。另一方面通过金融机构吸收企业资金。可以加大金融中介动员储蓄转向投资的力度，通过对投资风险与投资收益的合理组合，进一步设计与“重庆宜居城市”相关的低投资风险的金融产品应具有一定的市场需求。

3. 非金融企业组织融资渠道的拓展

一方面可以利用无形资产，例如拍卖公园、道路等基础设施的冠名权筹措资金。另一方面对已建成或在建的公用设施通过特许经营权（BOT）加快实现民营化，由于“重庆宜居城市”大规模的公共设施投资，加大了政府隐性债务风险的累积，特许经营方式能够很好地平衡市场与政府之间的关系，充分发挥市场和政府的优势，有效提供公共基础设施的供给效率，缓解政府资金压力。

4. 社会资源融资渠道的拓展

一是建立捐赠渠道，通过倡导社会捐赠的方式筹措资金，捐赠主体不仅包括个人，还包括国有企业、外资企业、三资企业、民营企业以及其他群体，对大额捐赠的企业和个人，政府可以给予一定的经济或精神回报作为激励。二是发行“重庆宜居城市”建设彩票，彩票业作为公益性筹款产业，为我国的体育、环保、教育做出了较大贡献，“重庆宜居城市”建设也具有一定的公益性，发行彩票，既可以从社会上募集到有效的资金，又没有发行股票、银行贷款等筹资方式所面临的支付股利或还本付息的压力。

（二）推进城乡一体化，统筹城乡宜居建设

1. 推进城乡住房保障一体化

目前重庆住房的基本思路是：30%～40%的中等偏下收入群体，由政府提供的公共租赁住房和棚户区、城中村改造的安置房予以保障；60%～70%的中高收入群体由市场提供的商品房解决，并对高端商品房和投机性炒房采取相应的遏制措施，形成“低端有保障、中端有市场、高端有约束”的制度体系，逐步实现住房保障的全覆盖。

随着城市化推进的加快，农业人口向城镇转移集聚的速度也进一步加快，居民收入差距进一步扩大，社会不稳定因素日益增多。统筹解决城乡居民的安居问题，是当务之急。一是突破规划理念，更加注重城市发展与农村的同步性，将城乡发展作为一个整体统一管理，将城乡统筹统建的理念贯穿于城市建设规划中。城市功能的设置不局限于城市范围，要辐射到周围农村。二是升级管理理念，更加注重现有住房保障体系的保障性与市场性的良好对接，在商品房和农民自住房的管理上进行探索，为城乡跨区域流动注入活力。三是强化关注对象，庞大的农民工队伍是重庆城市经济建设的生力军，他们住房需求量大，但置业能力差，解决农民工住房问题是实现城乡统筹发展的必由之路。通过改造城市农民工聚居区环境问题、研究适合农民工的住房保障制度、放开农村宅基地等集体建设用地流转等方法解决和改善农民工住房问题。

2. 推进城乡人居环境建设一体化

城市环境和农村环境是一个有机联系的整体，不可分割。要避免城市污染向农村转嫁、仅重视城市环境污染防治、忽略农村环境保护等问题，就要做到城乡人居环境一体化推进。一是创新统筹城乡环保工作机制，突破城乡二元体制障碍，开展城乡生态环境规划，合理配置城乡生态资源，促进全市城乡经济社会与环境保护协调发展；推动经济发展方式转变，大力发展低碳经济；科学实施城乡建设、产业布局和结构调整，统筹城乡环境综合整治；大力推进农村生活污染治理，突出抓好农村饮水安全，进一步改善村容村貌。二是统筹城乡环保规划，建立城乡生态环境补偿机制；政府拿出一部分资金用于补助、补偿城市发展对农村生态的破坏，达到保护环境的目的；生态补偿金纳入财政专户管理，专项用于农村生态保护和生态项目建设。三是推行市场化运作模式，创新城乡一体化环境治理的激励机制。包括环境资源有偿交易机制、社会化投融资机制、税收调节机制、收费机制等， 通过市场调节，加快污染治理市场化进程，改善城乡环境。

（三）打造城市开敞空间，大力发展城市绿地，拉大城市架构，降低建设密度，实现山、水、林、城一体化建设

要解决城市公共活动空间不足，建设密度过高这一问题，有必要对城市空间结构进行进一步调整，拉大城市构架，扩张城市规模，为城市未来发展留出更多的空间。重庆的城市格局具有历史形成的多中心、组团布局优势，这一格局特征形成天然的城市开敞空间，应依托《城市绿地系统规划》和《两江四岸城市设计》，强化和完善这一形态特点，对市域范围的开敞空间进行全方位控制。可以考虑结合城市产业的拓展制定适应都市区空间发展的战略规划，重点通过对城市经济结构与空间结构、交通设施布局、产业布局、重点片区功能发展、生态与环境等方面的深化和完善，实现都市区空间资源的重新组合，推进城市空间品质的提升。同时，引导重庆主城区向北发展，以建设城市北部新中心作为拉开空间框架的战略启动点，并提升人文发展轴以及产业发展轴的地位，整体上形成更大空间尺度的功能分区和分层次的中心区结构。

为满足人民对公园绿地的需求，可以采取以下措施：一是对都市区范围内城乡空间的林地进行规划建设。针对缙云山、中梁山、铜锣山、明月山和长江、嘉陵江“六脉”开展保护性规划；积极推进风景名胜区、森林公园、郊野公园等组团绿化隔离带建设，加强城市公园及接头绿地的森林化，从整体上构筑“区域生态走廊”。二是进一步针对不同自然和人文景观特色，把两江四岸沿线规划建设成为老百姓喜欢的公共开放休闲带，将最美丽的山水资源提供给市民享用。针对两江四岸的功能和景观建设，规划应着重开展五方面的工作：一是重组滨水区的用地功能，提升城市吸引力，引导城市复兴。二是进行水体综合整治，改善生态景观环境。三是建设滨水区活动空间及公共服务设施，改善休闲生活便利性。四是保护滨水历史文化传承，彰显“江城”特色。五是综合组织滨江区的车行和步行综合交通体系。此外，要完善山地城市步行交通系统中院坝、街道、踏步、巷子等空间要素的重要节点进行建设，将城市广场、山地步道、休闲观景平台协调统一考虑，为市民提供一个安全、便捷、舒适、优美的步行环境。

（四）推进城市公共服务设施建设，提高不同群体的生活满意度

推进城市公共服务设施应以完善针对低收入阶层的公共服务设施建设为着力点，对规划范围内已建成的公共服务设施的使用状况进行利弊分析和对

规划范围内公共服务设施的使用人群、社会经济状况进行分析和预测，发现问题然后找到规划对策措施。

一是文化体育设施方面，要统筹规划，合理布局公共文化体育资源，加强图书馆、科技馆、会展中心、多厅影剧院、青少年活动中心、老年活动中心和体育场馆等文化娱乐设施的建设。在规划设计上充分体现便民、利民和实用的原则和先进性、创新性的要求，本着以人为本、因地制宜的原则，针对不同片区，明确不同文化体育设施建设标准，对老城区公共文化体育设施适度改造，逐步改善，做到每个社区都有文化娱乐互动场所和体育健身设施。

二是商业设施方面，对宜居城市建设而言，未来商业环境建设应该关注老年人、中低收入和中低学历弱势群体的需求，重点发展社区商业，进一步完善社区级商业网络体系。在低收入人群集中的居住区域注重最基本的商业设施的配套建设，适当倾斜供应政策。

三是在医疗设施建设方面，应进一步加强社区医院的建设和管理，通过基础医疗保险政策保障低收入人群的就医需求。同时，要进一步完善不同群体的医疗设施质量和医疗保障体系。

（五）改变思维方式，优化城市管理模式，提升城市管理水平

城市化过程必定带来的人口相对集中和人口集中后产生的生活需求，使得基层社会结构发生深刻的变化。社区作为城市构成的基本单位，在城市管理、经济和社会发展中的地位越显突出和重要。这就要求政府改变以行政管理为手段的管理思维模式，积极将城市社区打造成为群众服务的有效载体，建设和完善城市社区的民主体制，不断推进社区民主建设，健全完善社区服务内容，创优最佳人居环境，形成有特色的社区民主建设模式。

当下，城市管理的基础是尊重民众权利与价值诉求，提升城市管理水平要强调精细化管理，突出“严”“实”“新”三个字，让政绩考量更具体、更容易操作。

所谓“严”，是指加强地方立法，形成制度，做到师出有名、奖惩有据。在这个基础上，敢于较真碰硬，深挖根源，拿出措施加以规范，才能做到治病去根。秩序、文明不是天上掉下来的，任何管理都不可能在放任自流中形成，而必须通过正反两个方面来规范。所谓“实”，是指城市管理是个系统工程，涉及方方面面，内容繁杂，必须做实工作，全方位覆盖，才能使整个城市管理的水平上一个大的台阶。细化最关键，把管的力量、管的责任落实到最基层、最前沿，定责到岗、定位到人，形成全息网格化管理工作格局。所

谓“新”，是指城市管理是一个永恒的、不断创新的课题，没有最好，只有更好，节点不同，含义在变。适时创新管理，引入市场机制，尤其加强数字化建设，进一步实现全民总动员、资源大融合，探索建立“大城管”，从而让我们的城市运行得更加安全有序，真正提升城市文明水平，增强核心竞争力。于此，种种机遇、节点对全面提高城市管理水平都提出了更高的要求，也提供了难得的机遇。只有真正秉持以人为本的理念，才能做到不断强化精细化管理，努力建立起科学合理的长效机制。这样，我们的城市才会更加现代，更加宜居，也更加和谐。

（六）从注重增量向存量增量并举转变，做好服务业的人才储备

做好服务业的人才储备，建立吸引人才与培养人才相结合的机制。一是加强人才规划，根据各地区服务业发展的进程、特点和规律，完善具有超前意识的现代服务业人才发展规划，以企业中的创新型、紧缺型人才开发为重点，制订中长期开发的目标、任务和措施，增强政府对现代服务业企业人才开发的调控能力和公共服务能力。二是多举措吸引人才，通过有针对性的政府奖励、灵活的薪酬体制、更大的发展空间、良好的企业文化、优惠的社会保障等措施，吸引人才向服务业流动。三是完善人才培养体系，对在校毕业生，在重点企业建立实践基地，有计划地进行现代服务业人才储备；对从业人员，大力实施现代服务业人才素质提升工程，通过系统培训、专业培训、岗位练兵、深造学习等方法，提高人员工作能力和水平，从而推动服务业整体质量的进步。

参考文献

[1] 方建德，杨扬，熊丽．国内外城市可持续发展指标体系比较[J]．环境科学与管理，2010（8）．
[2] 中国科学院可持续发展战略研究组．2014 中国可持续发展战略报告[M]．北京：科学出版社，2014．
[3] 魏智勇，赵明．环境与可持续发展[M]．北京：中国环境科学出版社，2008．
[4] 刘明清，蒋纯才，蔡亲颜．珠江三角洲城市生态建设与可持续发展战略[M]．北京：中国环境科学出版社，2007．
[5] 诸大建，李耀新．建立上海可持续发展指标体系的研究[J]．上海环境科学，1999（9）．
[6] 陈鹏．重庆可持续发展综合评价与对策研究[D]．重庆：重庆工商大学，2012．
[7] 李敏娟．西安市人居环境可持续发展研究[D]．西安：西安建筑科技大学，2012．
[8] 孙允午，汤宏波．可持续发展与环境经济政策[M]．上海：上海财经大学出版社，2011．
[9] 王治国．基于生态足迹理论的陕北生态环境可持续发展研究[M]．北京：水利水电出版社，2011．
[10] 谢林．重庆人居环境可持续发展评价研究[D]．重庆：重庆大学，2007．
[11] 叶裕民．中国城市化与可持续发展[M]．北京：科学出版社，2007．
[12] 赵万民，毛其智，邓伟．第三届山地人居环境可持续发展国际学术研讨会论文集[C]．北京：科学出版社，2013．
[13] 陈秉钊．可持续发展中国人居环境[M]．北京：科学出版社，2003．
[14] 安丰雪．淄博市的环境保护及可持续发展[J]．改革与发展，2011．

后　记

本书是重庆市社会科学规划青年项目“重庆市人口城镇化改革路径研究”（项目批准号：2012QNJJ016）的深化研究成果。本书通过人口城镇化可持续发展、重庆宜居城市建设研究等分析，以及人居环境可持续发展指标体系建设及综合分析，提出重庆人居环境建设可持续发展的建议，为重庆人居环境改善、宜居城市建设提供了可参考的建议。我们衷心希望这一研究成果能为重庆发展贡献一份智慧和力量。

关于人居环境可持续发展是一个持续性课题，也是备受政府决策者们关注的重点、焦点问题。本书对这一问题做了一个初步有益的探索，更深入的研究有待学者们日后进一步开展。

由于研究背景和作者研究水平有限，本书还存在疏漏与不足之处，恳请读者朋友不吝赐教。

笔　者

2014 年 6 月